KB079566

May the math be with you!

매쓰 비 위드 유

매쓰 비 위드 유

염지현
지음

손안의
수학부터,
인류를 구원할
수학까지

북트리거

수학자의 수학이 아닌, '나의 수학' 찾기

자! 이 책을 읽기 전, 아무 종이를 꺼내 보세요. 그리고 그 종이를 적당히 반으로 나누는 선 하나를 그려 보세요. 위쪽에는 '수학'이라고 쓰고, 아래쪽에는 '일상생활'이라고 써 볼까요? 그리고 두 키워드를 선으로 이어 보세요.

우린 방금 함께 선을 두 번 그렸어요.

이 책에서는 이렇게 수학과 일상생활을 연결하면서, 점과 점, 점과 선, 선과 선, 면과 면, 더 나아가 세상과 세상까지도 잇는 방법을 익혀 보려고 해요. 다 읽고 난 뒤에는 여러분도 과감히 골치

아픈 공부(학습)로서의 수학과 내 삶을 구별하면서도, 한편으로는 자유롭게 수학과 세상을 연결할 수 있도록 온 우주의 힘을 모아 이 책을 썼어요.

'수학'을 다루는 방법에는 꽤 여러 가지가 있습니다. 단순히 말하자면 수학자는 수학이라는 학문의 본질을 연구하는 데 집중하죠. 학문의 범위 안에서 새로운 법칙과 규칙을 찾아내는 것이 목적이니까요.

하지만 저처럼 다양한 형태의 '수학 콘텐츠'를 만드는 사람들은 조금 다른 방식으로 수학을 마주해요. 수학을 가볍게 다루고 싶거든요. 보통 여러분이 학교에서 만나는 수학은 언제나 심각하고 때론 괴롭기까지 하니까요. 적어도 학교 밖에서 수학을 만날 때는, 복잡하고 괴로운 수식은 빼고 생각하면 좋지 않을까요? 그래서 이 책에서는 어려운 수학 스위치는 잠시 끄고, 아주 쉽고 경쾌한 수학 스위치를 켜 보려고요.

물론 처음부터 쉽지는 않습니다. 약간의 연습이 필요해요. 저는 일상생활에서 쉽게 마주할 수 있는 간단한 사물이나 주변 환경을 관찰하면서 '수학적인 생각'을 떠올려요. 그런 다음 생각의 꼬리를 물고 생각과 생각을 선으로 이어 갑니다.

예를 들어 볼까요? 학교 앞 건널목에서 신호등을 쳐다보다가,

문득 생각을 시작해요. 신호등은 왜 동그라미나 네모 모양일까? 왜 공중에 매달린 신호등은 동그란데, 기둥 옆에 설치된 신호등은 네모지? 어? 기둥 옆 신호등 중에도 동그란 것이 있네. 신호등이 세모 모양이면 잘 안 보이려나? 분명 초록색 불인데, 어른들은 왜 파란불이라고 하지? 건널목마다 신호등이 바뀌는 시간은 다 다른가?

이렇게 등굣길에 만난 신호등에서도 이것저것 잡다한 생각과 함께 수학적인 생각을 떠올릴 수 있어요. 더 나아가면, 신호등이 바뀌는 시간을 결정할 때는 어떤 방정식이 쓰였을까 생각해 볼 수도 있죠.

우리는 지금부터 일상에서 출발한 이야기들로 수학 에너지를 가득 채우려고 해요. 물론 학문 자체에서 경이로움을 느끼는 수학자의 입장에서 보면 너무 사소하거나 억지스러운 이야기일 수 있어요. 하지만 수학자가 아닌 우리가 수학을 마주하는 실질적인 이유는 더 논리적으로, 더 흥미롭게 생각하고, 진로 선택의 폭을 넓히고 싶어서가 아닐까요?

수학자가 바라보는 수학과 제가 바라보는 수학이 다르듯이, '수학을 좋아한다'고 말할 때, '수학'이 갖는 의미는 저마다에게 다를 거라고 생각해요. 여러분도 이 책을 읽으면서 자신만의 수학을 찾기를 바라며, 저는 제 스타일대로 이렇게 시작해 보겠습니다.

"시험 점수 걱정은 *끄*고, 일상 속 수학을 켜자!"

2023년 가을,

염지현

목차

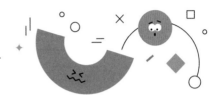

○ 1부
'최애' 콘텐츠와
함께하는
수학

요즘 청소년들은 디지털 콘텐츠에 매우 큰 영향을 받습니다. 아주 어렸을 때부터 스마트 기기와 친하게 지내니까요. 그런 뜻에서 '디지털 네이티브digital native' 세대라고 불리기도 하죠.

놀라운 건 아마도 지금 이 글을 읽고 있는 여러분 대부분이 스마트폰에서 영상 보는 방법을 따로 배운 적은 없을 거라는 점이에요. 숨 쉬는 방법을 따로 시간 내서 배운 적 없듯이, 스마트 기기를 다루고 이를 통해 콘텐츠를 접하며 친구들과 소통하는 방법을 저절로 익혔겠죠.

1부에서는 이렇게 자연스럽게 가까워진 미디어와 콘텐츠 속에서 수학이 활용된 사례를 찾아보려고 해요. 드라마 속에 나타난 재미난 수학 개념을 엿보고, 추천의 '끝판왕'인 전 세계 대표 OTT 넷플릭스와 유튜브에 수학이 어떻게 쓰이고 있는지도 소개할게요.

그리고 수학과 전혀 관계없어 보이는 음악 속에서 수학의 묘미를 발견하고, 여러분에게 친숙한 인기 아이돌 노래 속에서 '이과 감성'도 발견해 볼 거예요.

마지막으로 애니메이션은 물론, 실사 영화에서도 없어서는 안 될 CG, 즉 컴퓨터그래픽스에 수학이 어떻게 쓰이고 있는지도 살펴보겠습니다.

01: 기러기 토마토 별똥별 우영우

"제 이름은 똑바로 읽어도 거꾸로 읽어도 '우영우'입니다. '기러기, 토마토, 스위스, 인도인, 별똥별, 우영우, 역삼역?'"

2022년에 많은 사랑을 받은 드라마 〈이상한 변호사 우영우〉에서 자폐스펙트럼장애를 갖고 있는 주인공 영우가 자기를 소개하는 독특한 대사예요. 자신의 이름처럼, 거꾸로 읽어도 똑같은 단어들을 나열한 거죠. 여기에 '일요일', '아시아' 같은 단어나 '다시 합창합시다', '다리 저리다' 같은 문장을 추가로 떠올렸다면, 여러분은 이제 이 글을 읽을 완벽한 준비를 마쳤습니다!

영어 단어 중에도 이런 경우가 있어요. 저에게 가장 흥미로웠던 단어는 바로 'rotator(로테이터)'! 이 단어의 뜻은 '회전하는 것'이에요. 왼쪽에서 오른쪽으로 돌든, 오른쪽에서 왼쪽으로 돌든 'rotator'가 되는 거죠. 이렇게 앞으로 읽으나 뒤로 읽으나 똑같은 구조를 지닌 단어나 문장을, '회전'할 때 '회' 자를 써서 '회문回文'이라고 부른답니다.

11에서부터 출발하자!

그런데 수학에도 '회문수回文數'가 있거든요. 예를 들어 '11, 101, 1001, 10001, 11111'과 같이 앞뒤로 배열이 똑같은 수를 '회문수'라고 불러요. 그 모양이 좌우대칭으로 같아서 '대칭수'라고 부르기도 하고, 영어로는 '데칼코마니decalcomania 수'라고 해요.

여기서 데칼코마니란, 미술 용어 중 하나예요. 종이 위에 그림물감을 두껍게 칠하고 반으로 접거나 다른 종이를 덮어서 찍어 대칭인 무늬를 만드는 기법을 뜻하죠. 만약 '10001'을 가운데 정렬로 쓴 문서를 인쇄해 정확하게 반으로 접었다 펴면, 마치 그 모습이 데칼코마니 기법으로 양쪽에 대칭인 무늬를 만든 것과 비슷하

2020.02.02.일은 909년 만에 돌아온 '회문의 날'이었다.
(shutterstock / Gabriel Pahontu)

다는 뜻으로 '데칼코마니 수'라고 부르는 겁니다.

여러분, 주변에 있는 아무 종이나 펼쳐서 세로로 선 두 개를 그어 봐요. 숫자 '11'이죠? 아무 의미 없는 11처럼 보이지만, 숫자가 아닌 '수'로 생각을 옮겨 볼게요. 숫자와 수는 똑같은 것 같지만 전혀 다른 의미입니다. 숫자가 '가나다라'라면, 수는 '한글'이라고 생각하면 되겠네요.

'11'이라는 수는 회문수이면서 동시에 '회문 소수'예요. '회문 소수'는 말 그대로 '회문수'인 동시에, 1과 자기 자신으로만 나누어떨어지는 '소수'이기도 한 수를 말해요. 회문 소수는 2, 3, 4, 7, 11, 101, 131, 151, 181, 191, 313, 353, … 929, 10301, 10501, …

매쓰 비 위드 유

11311 …과 같이 이어지는데 신기하게도 두 자릿수인 '11'을 제외하고 모두 자릿수가 한 자리, 세 자리, 다섯 자리와 같이 홀수예요. 따라서 짝수 자릿수를 갖는 회문 소수는 11이 유일합니다.

11을 포함해 짝수 자릿수인 회문수에는 특별한 공통점이 있어요. 44, 3773, 261162와 같이 모두 11의 배수라는 사실이에요. 이 사실을 어떻게 확인할 수 있을까요?

간단한 판정법을 활용하면 돼요. 수학에는 '배수 판정법'*이라고 부르는 간단한 규칙이 몇 개 있어요. 예를 들어 '1234567890'이라는 수가 있을 때, 끝자리가 0이니까(끝자리가 0, 5이면) 적어도 이 수는 5의 배수라는 걸 알 수 있죠. 물론 짝수니까(끝자리가 0, 2, 4, 6, 8이면) 2의 배수이기도 하고요.

그럼 원래의 질문으로 돌아와서, 어떤 수가 11의 배수인지는 어떻게 확인할까요? '11의 배수판정법'은 다음과 같아요.

---

* **배수 판정법¹** 2의 배수 판정법 : 끝자리가 0, 2, 4, 6, 8 / 3의 배수 판정법 : 각 자릿수의 합이 3의 배수 / 4의 배수 판정법 : 끝 두 자릿수가 4의 배수 / 5의 배수 판정법 : 끝자리가 0 또는 5 / 6의 배수 판정법 : 2의 배수이면서 동시에 3의 배수 / 8의 배수 판정법 : 끝 세 자릿수가 8의 배수 / 9의 배수 판정법 : 각 자릿수의 합이 9의 배수

각 자릿수 중 홀수 자릿수의 합과 짝수 자릿수의 합의 차가

0 또는 11의 배수이면, 이 수는 11의 배수이다.

예를 들어 볼게요. ABCD라는 네 자리 자연수가 있습니다. 이 자연수를 십진법 전개식으로 풀어서 쓰면 다음과 같아요.

$$A \times 10^3 + B \times 10^2 + C \times 10 + D$$

여기서는 11의 배수인지 판정하는 것이 중요하니 이 식을 살짝 변형해 볼게요.

$$A \times (10^3 + 1 - 1) + B \times (10^2 - 1 + 1) + C \times (10 + 1 - 1) + D$$

$10^3 + 1$이나 $10 + 1$과 같이 10^x(단, 이때 x는 홀수)에 1을 더한 값과, $10^2 - 1$과 같이 10^y(단, 이때 y는 짝수)에서 1을 뺀 값은 항상 11의 배수입니다. 이 점을 염두에 두고 식을 다시 정리해 볼게요.

$$A \times (10^3 + 1) + B \times (10^2 - 1) + C \times (10 + 1) - (A - B + C - D)$$

매쓰 비 위드 유

여기서 밑줄 그은 부분이 모두 11의 배수라고 했으니, 이제 남은 수인 '(A−B+C−D)'가 0이거나 11의 배수라면 ABCD는 11의 배수가 돼요. 계산식 A−B+C−D를 정리하면 A+C−(B+D)입니다. 다시 말해 '홀수 자릿수의 합(B+D)과 짝수 자릿수의 합(A+C)의 차가 0 또는 11의 배수'면, 그 수는 11의 배수라는 말이죠.

이 방법을 이용해, 11의 배수인지 의심스러웠던 짝수 자릿수인 회문수 44, 3773, 261162를 확인해 볼까요? 4−4=0, 3−7+7−3=0, 2−6+1−1+6−2=0이 되므로 모두 11의 배수라는 걸 확인할 수 있죠. 그래도 의심스럽다고요? 그럴 땐 복잡한 배수판정법은 접어 두고, 직접 11로 나눠 보면 의심이 싹 사라질 거예요.

111111111… 1의 마법

다시 회문수의 출발점이었던 11로 돌아와 본격적으로 회문수를 찾아보겠습니다. 어떤 수에 11을 곱하면 무조건 새로운 회문수가 만들어지는 걸까요? 먼저 11을 거듭제곱해 보며 살펴볼게

```
     1 1              1 2 1            1 3 3 1              1 4 6 4 1
   × 1 1            × 1 1            ×   1 1            ×     1 1
 -------------    -------------    -----------------    ------------------
     1 1              1 2 1            1 3 3 1            1 4 6 4 1
   1 1              1 2 1            1 3 3 1            1 4 6 4 1
 -------------    -------------    -----------------    ------------------
   1 2 1            1 3 3 1          1 4 6 4 1            1 6 1 0 5 1
```

11의 거듭제곱으로 만드는 회문수

요. 11의 제곱부터 11의 4제곱까지는 121, 1331, 14641로 모두 회문수인 걸 알 수 있죠. 그렇다면 11의 5제곱은 어떨까요? 아쉽게도 $11^5 = 161051$로 회문수가 아니에요. 5제곱부터는 수식에서 확인할 수 있듯, 자릿수의 합이 10보다 커져서 받아올림이 발생하니까요. 즉, 회문 균형이 깨져서 수 배열이 회문 구조를 이루지 못하게 되는 거예요. 따라서 딱 4제곱까지만 회문수이고, 그 뒤로는 다시 평범한 곱셈 결과가 나타납니다.

```
         1 × 1            =              1               1 × 1 = 1
        11 × 11           =             121              11 × 11 = 121
       111 × 111          =            12321             111 × 111 = 12321
      1111 × 1111         =           1234321            1111 × 1111 = 1234321
     11111 × 11111        =          123454321           11111 × 11111 = 123454321
    111111 × 111111       =         12345654321          111111 × 111111 = 12345654321
   1111111 × 1111111      =        1234567654321         1111111 × 1111111 = 1234567654321
  11111111 × 11111111     =       123456787654321        11111111 × 11111111 = 123456787654321
 111111111 × 111111111    =      12345678987654321       111111111 × 111111111 = 12345678987654321
```

1로만 만드는 회문수 피라미드

매쓰 비 위드 유

또 다른 방법으로 회문수를 만들어 볼까요? 이번엔 '1'로만 이뤄진 자연수를 두 번 곱해 만드는 거예요. 1×1, 11×11처럼요. 그랬더니 곱셈의 결과가 그림과 같이 규칙적인 형태를 띱니다. 자릿수를 순서대로 늘려 제곱하면 그 결과 자릿수도 규칙적으로 늘어나는 걸 확인할 수 있어요. 어떻게 이런 신기한 현상이 나타나는 걸까요?

그 비밀은 바로 '1의 성질'에 있습니다. 1은 몇 번이고 반복해서 곱해도 항상 자기 자신, 1이 나와

$$
\begin{array}{r}
1\ 1\ 1 \\
\times\quad 1\ 1\ 1 \\
\hline
1\ 1\ 1 \leftarrow \text{일의 자리 곱셈 결과}\\
1\ 1\ 1\quad\ \leftarrow \text{십의 자리 곱셈 결과}\\
1\ 1\ 1\quad\quad\ \leftarrow \text{백의 자리 곱셈 결과}\\
\hline
1\ 2\ 3\ 2\ 1
\end{array}
$$

요. 따라서 1로만 이뤄진 수를 두 번 곱하면 일의 자리, 십의 자리, 백의 자리까지 모두 자기 자신이 나오죠. 이를 세로쓰기로 정리하면 1부터 자릿수만큼 차례로 수가 늘어났다가 줄어들면서 다시 1로 돌아오는 회문수가 되는 거예요.

그런데 이 재미있는 회문수 법칙은, 아홉 자릿수인 111111111에서 끝나요. 앞서 살펴본 것처럼, 열 자릿수가 넘어가면 각 자릿수의 합이 10보다 커져서 받아올림 현상이 일어나기 때문이죠.

평범한 자연수를 회문수로 만드는 알고리듬

1984년 미국의 컴퓨터과학자 프레드 그루엔버거는 미국 과학 잡지인 《사이언티픽 아메리칸》에 '회문수 알고리듬'을 발표했어요. 회문수 알고리듬이란, 평범한 자연수를 회문수로 만들 수 있는 규칙을 간단하게 정리한 거예요.

① 자연수 하나를 고른다.

② 수 배열을 반대로 뒤집는다. (예를 들어 12는 21, 123은 321과 같이 만든다.)

③ ①에서 고른 자연수와 ②에서 뒤집은 자연수를 더한다.

④ ③의 결과가 회문수인지 아닌지 확인한다.

⑤ 회문수가 아니라면 ③의 결과를 가지고 ②부터 다시 과정을 반복한다.

하지만 한두 번 만에 회문수를 찾는 건 꽤 운이 좋은 경우예요. 만약 ①에서 89를 골랐다면, 이 과정을 스물네 번이나 반복해야 회문수 8813200023188를 찾을 수 있답니다. 이처럼 과정을 반복할 때마다 결과 값의 자릿수도 늘어나니 계산기도 꼭 필요하죠.

그런데 아무리 반복해도 회문수를 찾기 어려운 자연수도 있어요. 바로 '196, 879, 1997'이 그 후보인데요. 회문수가 될 수 없는 수를 '라이크렐 수Lychrel number'라고 부르는데, 현재까지 진행된 연구에 따르면 후보들 중에서도 196이 가장 유력한 라이크렐 수로 예측돼요. 왜냐하면 1987년부터 196의 회문수를 찾기 위해 지금까지 무려 10억 자리 이상 확인했는데 아직까지 회문수를 발견하지 못했거든요. 하지만 20억, 30억 자리까지 확인한다면 나올지도 모르잖아요? 이렇게 아무리 직접 계산해 보더라도 수학적으로 완벽하게 '증명'한 사실이 아니기 때문에, 대다수 수학자들은 '십진법으로 표현하는 자연수 중에 라이크렐 수는 없다'고 주장하고 있답니다.

저는 〈이상한 변호사 우영우〉를 보면서, 여러분에게 이 이야기를 들려주고 싶어서 손가락이 얼마나 근질근질했는지 몰라요. 앞으로는 영우의 자기소개처럼 거꾸로 읽어도 똑같은 단어를 들을 때마다 마법처럼 '데칼코마니 수'나 '11의 배수'가 떠오를걸요?

02: 유튜브와 넷플릭스가 '찐친'보다 내 맘을 잘 아는 비결

여러분도 등하굣길이나 쉬는 시간, 또는 일과를 마치고 잠자기 전, 눈과 귀를 즐겁게 해 주는 영상을 찾아보며 지친 몸과 마음을 달래는 일이 소소한 행복인가요? 저도 그래요. 가끔 고장 난 브레이크처럼 잘 멈춰지지 않을 때도 있지만 참 소중한 시간이죠. 분명 영상 한 개만 보려고 켰는데 정신을 차려 보니 몇십 분, 때론 몇 시간이 지나간 적은 없었나요? 괜찮아요, 걱정하지 말아요. 그건 여러분 잘못이 아니에요. 그건 모두 우리를 자꾸만 다음 영상으로 이끄는 맹랑한(!) '이 친구' 때문이니까요.

확률보다 정확한 '조건부확률'

유튜브를 켜면 평소에 관심이 있어 구독하고 있는 크리에이터나 유튜버가 올린 최신 영상을 시작으로 자신도 모르게 다음, 다다음 영상까지 챙겨 보는 일이 종종 있어요. 게다가 처음 선택했던 영상이 채 끝나기도 전에, 다음 영상의 섬네일(thumbnail, 동영상을 소개하는 한 장짜리 표지 이미지)이 등장하면서 자연스럽게 그다음으로 인도하니 유혹에 못 이기는 척 '클릭'하는 수밖에요.

사용자가 원하는 정보나 콘텐츠를 검색하면, 알고리듬이 결과를 제공하는 것을 넘어 맞춤형 콘텐츠를 먼저 제안하는 시대입니다. 이처럼 똑똑하게 진화한 추천 알고리듬은 오늘날 유튜브와 넷플릭스가 엄청난 사용자를 확보하게 된 마케팅 포인트이기도 해요. 그런데 알고 보면 여기에 중요한 수학 개념인 '확률'이 핵심 역할을 하고 있어요.

수학에서 '확률'이란 '어떤 일이 일어날 가능성을 수로 나타낸 것'입니다. 사실 '확률'이란 단어는 수학 시간 말고도 일상생활 속에서 관용적 표현으로 자주 쓰기도 해요. 가령 '내일 비 올 확률 백 퍼!', '아이유 콘서트 티케팅 성공 확률 제로각!', '내일 시험 잘 볼 확률 반반!'처럼 말이죠.

이렇게 일상에서 확률이란 말을 쓸 때는 주로 그 사건이 일어날 확률이 0 아니면 1, 또는 그 절반 정도라는 식으로 표현하죠. 하지만 진짜 수학에서의 확률 계산에는 꽤 복잡한 조건이 얽혀 있어요. 확률 문제는 대부분 '특정 조건 아래' 어떤 일이 일어날 가능성을 계산하는 경우가 대부분이거든요. 이것을 '조건부 확률'이라고 해요.

일반적으로 확률을 '(특정 사건의 경우의 수)/(전체 사건의 경우의 수)'로 계산한다면, 조건부 확률은 분모와 분자가 조금 달라요. 분자는 '(사건 A가 일어나면서 사건 B도 동시에 일어나는 경우, 즉 A∩B)', 분모는 '(특정 사건의 경우의 수)'로 나타내죠.

아래 그림처럼 어떤 사건 A와 B가 표본공간 S에서 일어났다고

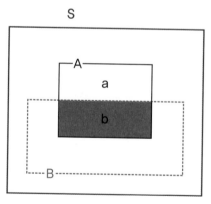

사건 A가 일어났을 때, 사건 B가 일어날 확률

매쓰 비 위드 유

가정할게요. 이때 P(A)는 A가 일어날 확률, P(B)는 B가 일어날 확률이라면, 조건부 확률 P(B|A)는 사건 A가 일어났을 때, 사건 B가 일어날 확률을 나타내요. 두 사건을 반으로 가르는 기호 '|'를 사용해, 오른쪽에는 '기준이 되는 사건(우리가 이미 알고 있는 사실)'을, 왼쪽에는 '일어날 확률을 계산할 사건(우리가 알고 싶은 내용)'을 쓰죠. 조건부 확률 P(B|A)는 다음과 같이 구할 수 있어요.

$$P(B \mid A) = \frac{P(B \cap A)}{P(A)} \quad \text{또는} \quad \frac{b}{b+a}$$

$$\text{단, } P(A) > 0$$

예를 들어 볼까요? Y양은 평소 '썸'을 타던 C군에게 힘내라며 초콜릿을 건넸어요. 이때 'Y양이 C군에게 초콜릿을 건넬 확률'이 A이고, 'Y양이 C군에게 고백할 확률'이 B라고 해 봅시다. 그럼 초콜릿을 건넸을 때 고백할 확률은 위의 조건부 확률 공식을 통해 구할 수 있다는 말이에요. '초콜릿을 건네지 않을 확률'이나 '고백하지 않을 확률'도 표본공간 S 안에 모두 존재하지만, P(고백|초콜릿을 건넸을 때)와 같은 조건부 확률을 계산할 때는 필요 없다고 보고 제외하는 겁니다.

이처럼 조건부 확률을 계산할 때는 확률 공간을 상황에 맞게 제한하고, 조건 밖에서 일어난 일은 전혀 고려하지 않아요. 이런 특징 때문에 조건부 확률이 추천 알고리듬에서 핵심 역할을 하는 거랍니다. 확률을 계산할 때 꼭 필요한 정보를 가려내 '특정 사건이 일어날 확률(사용자가 추천 제품이나 작품을 좋아할 확률)'의 정확도를 더 높일 수 있거든요.

이를테면 음악 스트리밍 사이트에서 최근 눈에 띄게 '남자 아이돌 가수의 노래'만 듣는 사용자에게는 굳이 트로트 장르의 노래를 추천하지 않는 것과 같은 맥락이죠.

'좋아요'를 따라 떠나는 취향 여행

넷플릭스는 추천 알고리듬으로 '내용 기반 추천'을 우선 활용합니다. 내용 기반 추천이란 말 그대로 콘텐츠 자체 내용 분석에 집중해 신규 사용자에게 편견 없이 콘텐츠를 추천하는 거예요. 이는 넷플릭스사에서 활동하는 전문 태거^{tagger}, 즉 영상에 관련 태그를 직접 다는 사람의 작업 덕분이에요.

태거는 여러 영상을 분석하면서 가이드북에 따라 관련 키워드를 표시하는 일을 해요. 영화나 드라마는 대부분 딱 한 가지 키워드 또는 요소만으로 분류하기 어려워서, 이 일은 인공지능이 아닌 사람의 도움을 꼭 받아야만 하거든요. 태거의 작업은 내용 기반 추천 알고리듬의 기초 자료가 된다고 알려져 있어요.

넷플릭스는 내용 기반 추천 알고리듬에 의해, 아직 아무런 시청 기록이 없는 신규 사용자에게는 흥행 성적이 좋은 콘텐츠를 메인 화면에서 고르게 추천합니다. 이때 추천 알고리듬의 출발점에는 사용자가 어떤 콘텐츠를 좋아할 확률과 싫어할 확률을 '50 대 50'으로 동일하게 보는 원리가 적용됩니다. 이를 수학 용어로 '이유 불충분의 원리'* 라고 합니다.

그에 따라 모든 콘텐츠의 사전 확률은 50%입니다. 시간이 흘러 점차 시청 기록이 쌓이면 해당 데이터를 바로미터 삼아 정교한 추천을 이어 가게 돼요. 조건부 확률이 본격적으로 적용돼 사용자의 마음을 꿰뚫어 보게 되는 거죠. 그 원리를 간단한 예시로 설명하면 다음과 같습니다.

여러분이 넷플릭스를 시작해 처음으로 '좋아요'를 누른 영화가 '액션&어드벤처(모험)'로 분류된 〈쥬라기 월드: 폴른 킹덤〉이었다

---

* **이유 불충분의 원리** principle of indifference 하나의 가능성이 다른 가능성보다 더 높다는 데이터가 없다면, 가능한 모든 사건에 동일한 확률(1/n)을 할당해야 한다는 원칙. 전형적인 예로는, 동전·주사위·카드 등이 있다.

고 해 봅시다. 넷플릭스는 계속해서 '액션&어드벤처' 태그가 달린 작품을 추천할 겁니다. 그에 따라 〈배틀쉽〉, 〈어메이징 스파이더맨〉, 〈트롤의 습격〉, 〈트랜스포머: 최후의 기사〉, 〈범블비〉, 〈아쿠아맨〉, 〈맨 오브 스틸〉, 〈엑소더스: 신들과 왕들〉, 〈배트맨 대 슈퍼맨〉 등 여러 편을 추천했는데, 사용자가 이 영화들에 대해 '좋아요'와 '싫어요'를 아래 〈표1〉과 같이 눌렀다고 합시다. 그 가운데 히어로물을 색깔로 표시해 봤습니다.

〈표1〉

	좋아요	싫어요	
0.4	쥬라기 월드: 폴른 킹덤	트롤의 습격	0.8
	범블비	트랜스포머: 최후의 기사	
0.6	아쿠아맨	엑소더스: 신들과 왕들	
	맨 오브 스틸	배틀쉽	
	배트맨 대 슈퍼맨	어메이징 스파이더맨	0.2
×	0.5	0.5	×

〈표2〉

좋아요	싫어요
조건 제거	조건 제거
0.3	0.1

어드벤처 영화 중 히어로물을 좋아할 확률과 싫어할 확률

그렇다면 〈표2〉와 같이 조건을 제한해 '사용자가 어드벤처 영화 중에서 히어로물을 봤을 때(A) 히어로물을 좋아할 확률(B)', 즉 P(B|A)를 다음과 같이 구할 수 있습니다.

$$P(B \mid A) = \frac{P(A \cap B)}{P(A)} \ \text{또는} \ \frac{0.3}{0.3 + 0.1} = \frac{3}{4} = 75\%$$

매쓰 비 위드 유

넷플릭스는 '사용자가 어드벤처 히어로물을 좋아할 확률 75%'를 이제 첫 번째 '사후 확률(사전 확률의 반대)'로 놓고, 이를 기준으로 이번에는 〈맨 오브 스틸〉을 만든 잭 스나이더 감독의 작품들을 추천할 수 있습니다. 이때 사용자가 해당 감독의 영화 10편에 '좋아요'와 '싫어요'를 아래 〈표3〉과 같이 눌렀다고 해 봅시다.

〈표3〉

	좋아요	싫어요	
0.2	300	테일즈 오브 블랙 프레이터	0.8
0.8	왓치맨	300: 제국의 부활	
	가디언의 전설	새벽의 저주	
	저스티스 리그	써커 펀치	
	맨 오브 스틸	원더 우먼	0.2
×	0.75	0.25	×

〈표4〉

좋아요	싫어요
조건 제거	조건 제거
0.6	0.05

잭 스나이더 감독 영화 중 어드벤처 히어로물을 좋아할 확률

그렇다면 〈표4〉와 같이 조건을 제한해 '사용자가 잭 스나이더 감독이 만든 영화 중에서 어드벤처 히어로물을 봤을 때(A) 어드벤처 히어로물을 좋아할 확률(B)' 즉 $P(B|A)$를 다음과 같이 구할 수 있습니다.

$$P(B|A) = \frac{P(A \cap B)}{P(A)} \quad \text{또는} \quad \frac{0.6}{0.6+0.05} = \frac{60}{65} \fallingdotseq 92.3\%$$

따라서 결과를 학습한 추천 알고리듬은 사용자의 화면 중 대략 90% 이상을 히어로물 시리즈로 가득 채울 준비를 할 거예요.

조건부 확률은 기준이 되는 데이터가 많을수록 높은 정확도를 나타내요. 추천 알고리듬도 사용자 수와 사용자 관련 기록이 많아질수록 이들의 취향을 저격할 확률이 높아진답니다. 내 취향에 꼭 맞는 콘텐츠를 추천받고 싶다면, 평소에 콘텐츠를 보고 '좋아요', '싫어요'를 눌러 두는 게 좋겠죠?

영상의 늪으로 인도하는 필터링

이처럼 요즘 대부분의 동영상 사이트에서는 이용자의 취향에 맞는 개인 맞춤형 큐레이션 서비스를 제공하고 있습니다. 무수히 많은 영상 중에서 사용자 개인이 좋아할 만한 영상을 예측하고 선별해 메인 화면에 띄우는 것은 물론, 영상이 끝나면 비슷한 부류의 영상을 계속 추천하는 서비스를 말해요.

그래서 넷플릭스 같은 유료 서비스는 물론이고, 유튜브도 정해진 시간에만 제한적으로 영상을 보는 게 정말 어려워요. 보통 영상 한 편의 재생이 끝나면 시리즈물의 경우 그 이전 화의 재생이

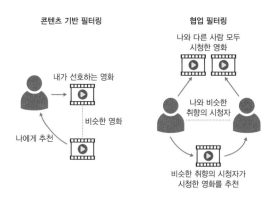

콘텐츠 기반 필터링

내가 선호하는 영화

비슷한 영화

나에게 추천

협업 필터링

나와 다른 사람 모두
시청한 영화

나와 비슷한
취향의 시청자

비슷한 취향의 시청자가
시청한 영화를 추천

추천 알고리듬 필터링의 두 종류

나 1편부터 다시 보기를 유도하고, 영화라면 비슷한 장르의 또 다른 작품을 쉬지 않고 소개하니까요.

이렇게 빠져나올 수 없는 영상의 늪으로 인도해, 우리를 해당 사이트에 오래오래 머물도록 돕는 일등 공신은 바로 앞서 살펴본 조건부 확률을 바탕으로 한 '추천 알고리듬'입니다. 추천 알고리듬은 짧은 시간 동안 나의 취향을 분석한 컴퓨터의 안목이자, 앞으로 미래를 이끌 핵심 규칙이기도 합니다.

특히 AI를 활용한 추천 알고리듬을 개발하고 발전시키는 일은 지난 10년 동안 학계와 산업계에서 일하는 인재들이 힘을 쏟아 온 중요한 연구 과제였어요. 그들이 주목한 건 바로 AI와 확률 사이의 떼려야 뗄 수 없는 관계였죠.

추천 알고리듬은 보통 위의 그림과 같은 같은 두 가지 방식을 따릅니다. 요즘은 이 두 가지 방식을 적절히 섞기도 한다고 해요. 여기서는 두 가지가 무엇인지만 알고 넘어가도록 해요!

하나는 콘텐츠 기반 필터링content-based filtering이에요. 왼쪽 그림처럼 사용자가 선호하는 영화와 비슷한 영화를 추천하는 방식이에요.

다른 하나는 협업 필터링collaborative filtering이에요. 오른쪽 그림처럼 사용자와 비슷한 취향을 가진 고객이 선호하는 영화를 추천하는 방식이에요.

아무래도 콘텐츠 기반 필터링은 영화를 세밀하게 분류하기가 어려워요. 그래서 종종 한계에 부딪히는데, 전문가들은 빅데이터를 활용해 꾸준히 추천 알고리듬의 정확도를 높이는 시도를 하면서 좋은 성과를 내고 있어요. 이를 토대로 추천 알고리듬이 사용자에게 영화, 음악, 친구, 관심사, 쇼핑 목록을 추천하는 단계로까지 발전하고 있습니다.

내 손 안의 비서로 성장하고 있는 '추천 알고리듬', 그 뒤에 숨어 있는 '확률' 이야기가 참 흥미롭지 않나요? 수십, 또는 수백 년 전부터 알려진 몇 가지 수학 개념이 오늘날의 우리 삶과 연결돼 문화생활을 편리하고 편안하게 이끌어 주고 있답니다.

03: 아이돌 노래 속에서 찾은 사랑 방정식

"Spell L.o.v.e.L.e.e 이름만 불러도 you can feel me ♪"

– 악동뮤지션, 〈Love Lee〉

"That's my Life is 아름다운 갤럭시" – 아이브, 〈I AM〉

지금 여러분 머릿속에 맴돌고 있는 노래가 있나요? 중독성이 강한 노래가 학습을 방해한다는 이유로 '수능 금지곡'으로 지정될 정도로 노래의 위력은 정말 대단합니다.

그럼 음악은 그저 수학 공부를 방해하는 존재일 뿐일까요? 그렇진 않아요. 음악 역시 오래전부터 수학과 연결되어 왔거든요.

고대 그리스 수학자 피타고라스는 아주 오래전 음계 속에 담긴 수학적 규칙을 밝히면서, 수학과 음악을 처음 연결해 설명하기 시작했어요.

음악은 감성의 수학, 수학은 이성의 음악

피타고라스는 어느 날 대장간 옆을 지나가다가 우연히 대장장이의 망치질 소리를 들었어요. 마침 두 대장장이가 서로 다른 망치를 번갈아 내리치고 있었는데, 평소와 달리 꽤 조화로운 소리로 여겨졌던 거죠. 이때 피타고라스는 망치 무게에 따라 망치질 소리의 음정이 서로 다르다는 사실을 발견했어요. 음정은 높이가 다른 두 음 사이의 간격을 말하는데, 이 간격이 조화로운 비율을 이룰 때 듣기 좋은 소리를 만들어 낸다는 발견이었죠.

피타고라스학파 시대의 주요 과목은 음악, 천문학, 기하학, 정수론이었다고 전해져요. 그중 음악은 지금처럼 연주 중심이 아닌, 소리와 화음에 대한 학문적인 견해를 배우는 과목이었대요.[2]

피타고라스는 어떤 음을 기준으로 음정의 비가 2:3을 이루는 음은 항상 조화롭다는 사실을 알아냈어요. 이게 바로 우리가 잘 알고 있는 화음, 즉 음정이 다른 둘 이상의 음이 동시에 울려서 생기는 조화로운 소리인데, 그가 발견한 화음은 다음과 같아요.

음악을 발견하고 연구했던 피타고라스의
모습을 표현한 1492년 판화 (wikimedia / public)

현의 길이 1: 라(A) 음

현의 길이 $\frac{4}{5}$: 레(D) 음

현의 길이 $\frac{2}{3}$: 미(E) 음

현의 길이 $\frac{3}{5}$: 파(F) 음

현의 길이 $\frac{1}{2}$: 한 옥타브 높은 라 음

여기서 서로 다른 현의 길이 비가 2:1이면 한 옥타브 차이의 음이 나오고, 길이 비가 3:2이면 '완전 5도' 화음의 소리가 난다는

걸 알아낸 거예요. 피타고라스는 이 방법으로 찾은 화음을 다시 배열해서 음정을 조절했어요. 이게 바로 오늘날 우리가 잘 아는 7음계, '도레미파솔라시'인 거죠.

피타고라스가 음계에 담긴 수학적 규칙을 발견하기 전까지, 사람들은 음악은 저절로 생겨나는 아름다움이라고 생각했어요. 그런데 피타고라스가 수학과 음악을 처음 연결해 사람들에게 소개하며 새로운 관점이 생겨나기 시작한 거예요.

그 뒤로도 여러 사람이 수학과 음악을 연결하며 둘 사이의 긴밀한 관계를 이야기했죠. 18세기 프랑스 작곡가 장필리프 라모는 "음악과 그토록 오래 함께해 왔음에도 불구하고, 음악에 대한 지식을 진정으로 이해하게 된 것은 수학의 도움 덕분이었다."라고 말했어요.

또, 19세기 영국의 수학자 제임스 조지프 실베스터는 "음악가는 수학을 느끼고, 수학자는 음악을 생각한다. 음악은 감성의 수학이고, 수학은 이성의 음악이다."라는 말을 남겼죠.

20세기 우리나라 작곡가 나운영도 "수학적 두뇌 없이는 음악을 할 수 없다."라고 이야기한 적이 있고요. 이처럼 수학과 음악은 떼려야 뗄 수 없는 사이랍니다.

내 마음을 그래프로 그릴 수 있을까?

교과서에서만 보던 피타고라스 이야기는 이쯤에서 접어 두고, 이제는 우리가 사랑하는 아이돌 이야기를 해 볼까 해요. 2021년 11월, 트와이스는 'Formula of Love: O+T=<3'이라는 제목으로 정규 앨범 3집을 발표했어요. 이 앨범 제목이 무슨 뜻인지 알고 있나요?

여기서 O는 트와이스 공식 팬클럽 이름인 원스ONCE의 첫 글자, T는 트와이스TWICE의 첫 글자, <3은 ♡를 오른쪽으로 90° 돌린 모양입니다. 해석하면 '원스+트와이스=♡'로, 팬들을 향한 트와이스의 사랑 방정식임을 알 수 있죠.

이 앨범의 공식 티저 포스터나 뮤직비디오에서도 칠판에 가득 적힌 화학식과 수식을 볼 수 있고, 색색의 액체가 담긴 플라스크 소품을 사용해 과학자 콘셉트를 드러내고 있어요.

그런데 단순히 과학자 콘셉트만 이용한 것이 아닌, 실제 수학 그래프를 삽입한 포스터가 더욱 눈길을 끌었죠. 앨범 공개 일정표를 하트 모양 그래프로 표현한 거였어요.

우리가 학교에서 배운 방정식만으로는 이렇게 뚜렷한 하트 모양 그래프를 그릴 수 없어요. 교과서에서는 $y=ax+b$ 꼴의 직선

그래프나, $y=ax^2+bx+c$ 꼴의 포물선그래프, 혹은 $(x-a)^2+(y-b)^2=r^2$ 꼴의 원그래프 정도를 배우니까요.

하트 모양 그래프는 $(x^2+y^2-a)^3-x^2y^3=0$이라는 방정식으로 그릴 수 있습니다. 식을 입력하면 자동으로 그래프를 그려 주는 사이트(GeoGebra, Mathway, Desmos)나 다양한 스마트 기기 애플리케이션을 활용해서 한번 그려 보세요. 이때 a 자리에 0보다 큰 값을 넣어야 하트 모양을 그릴 수 있고, a 값이 클수록 하트가 크고 통통해진답니다.

트와이스 3집 앨범의 타이틀곡은 〈SCIENTIST(과학자)〉인데요. 사랑의 답을 찾아 연구한 결과, '사랑은 복잡하지 않고 명료한 것'이라는 결론을 담은 노래라고 합니다.

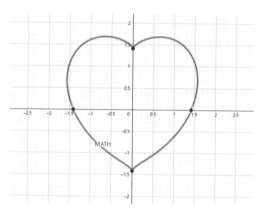

$(x^2+y^2-a)^3-x^2y^3=0$ 식에서 a에 2를 대입했을 때 하트 모양

매쓰 비 위드 유

이 노래에는 실제로 수학 지식을 활용한 가사가 나오기도 해요. "왜 그렇게 각을 재, 사인 코사인도 아니고"라는 가사죠. 사인 sin, 코사인cos, 탄젠트tan를 '삼각함수'라고 하는데, 삼각함수는 각도에 따라 삼각비 값이 달라지는 함수를 말해요. 중학교에서는 삼각비까지만 배우니까 오늘은 이 이야기까지만 해 보려고 합니다.

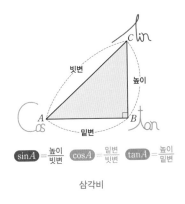

$$\sin A = \frac{\text{높이}}{\text{빗변}} \quad \cos A = \frac{\text{밑변}}{\text{빗변}} \quad \tan A = \frac{\text{높이}}{\text{밑변}}$$

삼각비

삼각비는 직각삼각형에서 두 변의 길이 비를 뜻해요. 삼각비와 직각삼각형의 한 변의 길이를 이용하면, 나머지 한 변의 길이도 계산할 수 있어요. 예를 들어 직각삼각형에서 빗변의 길이가 2, sinA가 2분의 1이라고 가정해 봅시다. sinA는 '빗변'분의 '높이'이므로 양변에 빗변을 곱하면 '빗변×sinA=높이'가 돼요. 따라서 높이는 1이 됩니다.

물론 노래 끝부분에 "Love ain't a science", 즉 사랑은 과학

이 아니라는 가사가 있지만, 그래도 갖가지 모양의 하트 그래프를 그릴 수 있는 '사랑 방정식'이 존재한다는 게 흥미롭죠?

여러분도 각자 좋아하는 가수의 앨범이나 노래 속에서 수학과 과학의 흔적을 발견해 보세요. 즐겁고 새로운 경험이 될 거예요.

04: 〈아바타〉의 판도라가 그토록 아름다운 이유

　파란 피부에 노란 눈동자를 지닌, 언뜻 보기에 사람과 닮았지만 꼬리가 달린 신기한 생명체, 바로 '나비족'입니다. 영화 〈아바타〉에서 나비족은 '판도라'라는 행성에 사는 종족이에요. 〈아바타〉는 에너지 고갈을 해결하기 위해 판도라의 자원을 이용하려던 지구인들이, 나비족의 외형에 인간의 의식을 주입한 새로운 생명체 '아바타'를 탄생시키며 벌어지는 일들을 담고 있죠.

　본편으로부터 13년이 지난 2022년 겨울에 〈아바타: 물의 길〉로 '나비족'이 돌아왔습니다. 이 영화는 인간이었지만 나비족으로

서의 삶을 선택한 주인공 '제이크 설리'와 나비족을 대표하는 '네이티리'가, 인간으로부터 지켜 낸 행성 판도라에서 가족을 이루었다는 설정으로 시작해요. 새로운 가족이 겨우 안정을 찾은 보금자리를 떠나게 만드는 전쟁과 그로 인한 슬픔을 그리고 있습니다.

제작진이 탄탄한 줄거리를 통해 전달하는 메시지와 더불어, 이 상상의 공간을 표현하는 제작 기술 또한 본편보다 발전한 것을 확인할 수 있는데요. 본편에서는 광활하게 펼쳐진 숲 위를 활공하는 공중 액션이 중심이었다면, 두 번째 작품에서는 신비로운 행성 판도라의 바다와 수중 액션이 중심이 됐어요. 물 배경은 컴퓨터그래픽스computer graphics, 즉 CG의 세계에서 난이도가 높기로 악명이 자자하죠.

그럼 이제부터 영상 기술의 '끝판왕'이라고 불리는 영화 〈아바타〉의 제작 기술에서 활약한 수학 이야기를 시작할게요.

영화 제작 현장에 수학자가 있다?

〈아바타〉 시리즈는 행성 '판도라'라는 가상 세계에 현실을 더해 완성한 작품이라는 점이 포인트예요. 여기에는 가상 세계를 컴퓨터 프로그램으로 설계해 영상 파일로 만드는 기술이 필요하죠. 이 기술은 '모델링-애니메이션-시뮬레이션-렌더링' 과정을 거쳐 완성돼요.

먼저 '모델링' 기술로 배경과 등장인물을 만들고, 여기에 애니메이션이나 시뮬레이션 기법으로 동작을 완성합니다. 옛날에는 이 과정에서 사람이 직접 연기를 하고 그걸 그대로 따오는 방식만 사용했었는데, 이제는 실제 배우는 굵직굵직한 연기를 하고 세밀한 동작이나 표정은 CG로 완성하는 방식을 더 많이 사용해요.

그런 뒤에 영상미를 완성하는 렌더링 기술이 더해집니다. 렌더링은 컴퓨터로 빛의 굴절이나 반사를 계산해서 물체의 그림자나 색을 결정하는 CG 속 가상 조명과 같죠. 렌더링 기술이 더해져야 비로소 영상에 입체감과 색감이 살아나 극적인 영상미를 전할 수 있어요.

글로 설명하니 장황하게 느껴지지만 현실에서는 이 모든 과정이 컴퓨터 프로그램으로 잘 설계돼 있어요. 이미 잘 짜인 프로그램은 복잡한 방정식을 기초로 하죠. 등장인물의 얼굴 생김새를 조정하거나 움직임을 수정할 때, 그림자의 방향을 바꾸거나 어떤 요소의 색을 바꿀 때 모두 방정식에 대입하는 값을 달리해서 결과를 얻어요.

간단한 예를 들어 볼까요? 하얀색은 5, 빨간색은 10, 노란색은 15, 파란색은 20이라고 할 때 '(배경색)=(입력값)×5'라는 방정식을 따른다고 가정해 봅시다. 그럼 이때 입력값에 1을 넣으면 배경은 하얀색, 2를 넣으면 빨간색, 3을 넣으면 노란색으로 결정된다는 말이에요.

실제 영화 제작 현장에서도 감독은 수학자의 도움을 받아 방정식에 알맞은 입력값을 계산하고, 이 값을 컴퓨터 프로그램에 입력하면 영상이 완성되는 거죠. 이러한 과정을 거쳐서 수와 문자로 가득한 컴퓨터 언어가 우리 눈에 보이는 영상으로 탄생할 수 있는 거랍니다.

모션 캡처 기술의 원리

〈아바타〉의 연기는 모션 캡처motion capture 기술을 활용한 것으로 유명해요. 모션 캡처는 사람이나 동물의 몸에 '마커marker'를 여러 개 달아서 배우의 연기와 그 움직임을 카메라에 담고, 이것을 그대로 영상 데이터로 옮기는 기술이에요.

사실 모션 캡처 기술은 1970년대부터 알려지기 시작했고, 현재는 영화나 애니메이션, 게임과 같이 가상 캐릭터가 필요한 산업 분야에서 활발하게 쓰여요. 영상 제작뿐 아니라 운동선수의 재활 치료 계획을 세우는 데에도 활용되고 있어요. 운동선수가 직접 모션 캡처 전용 의상을 입고 움직임을 촬영한 다음, 자신과 똑같이 움직이는 컴퓨터 속 가상 캐릭터를 분석해 치료 방향을 결정할 수 있거든요.

〈아바타〉시리즈 역시 영화 속 캐릭터를 연기하는 각 배우가 온몸에 마커 100여 개를 붙인 전용 수트를 입고 카메라 앞에 서서 연기한 영상 데이터를 기초로 완성되었습니다. 모션 캡처 기술

모션 캡처 기술을 이용한 영화 촬영 모습 (shutterstock / Gorodenkoff)

에도 여러 가지 방식이 있는데, 〈아바타〉는 적외선 방식으로 만들었어요. 각 관절에 붙인 마커 하나를 적외선 카메라 6~8개가 추적하고, 마커에서 반사하는 적외선 신호를 통해 마커의 위치를 수와 문자로 이뤄진 좌표로 컴퓨터에 기록하는 원리예요. 배우의 움직임을 나타내는 데이터가 컴퓨터 속 가상 캐릭터의 모션 데이터로 변환되면서, 가상 캐릭터가 시나리오대로 연기할 수 있도록 만드는 거죠.

이렇게 완성한 가상 캐릭터는 전체 형상은 물론 표정까지도 컴퓨터 그래픽스으로 표현해야 해요. 이때 캐릭터의 얼굴 전체를 그래프로 여기고, 눈썹·눈 모양·광대·입꼬리 등 표정을 다르게 만드는 요소를 모두 그래프 위의 점, 즉 좌표로 나타내요. 이 모든 점은 컴퓨터 프로그램으로 자유롭게 위치를 바꿀 수 있어요. 그러면서 슬픈 표정, 기쁜 표정, 화난 표정 등 캐릭터가 처한 상황에 맞는 다양한 표정을 만드는 거죠. 하지만 자연스러운 한 가지 표정을 만드는 데 좌표가 최소 수천 개는 필요하므로 이 작업은 말처럼 쉬운 일이 아닙니다.

이때 사용하는 기술을 '이모션 캡처'라고 하는데, 말 그대로 배우의 감정까지 컴퓨터에 기록하는 기술입니다.

미세한 표정, 세밀한 감정까지 놓치지 않는 수학

이모션 캡처는 초소형 카메라가 달린 장비를 배우 머리에 씌워 얼굴을 $360°$로 촬영해요. 그러면 얼굴 근육과 눈동자, 심지어 땀구멍의 움직임과 속눈썹의 떨림까지도 세세하게 컴퓨터에 저장되죠. 이 데이터는 모두 3차원 공간의 좌푯값으로 기록되고요. 배우가 연기를 마친 뒤에도 컴퓨터 프로그램 속 좌푯값을 다르게 조절하면서 가상 캐릭터가 자연스러운 표정과 움직임으로 대사를 전달할 수 있도록 각 장면을 원하는 대로 다듬을 수 있죠.

이모션 캡처로도 만들기 어려울 만큼 더욱 미세한 표정 변화는

이모션 캡처 기술을 활용해 배우들의 생생한 표정까지 담아낸 〈아바타〉 (연합뉴스)

확률을 이용하여 만들어 내어 작품의 완성도를 높여요. 앞서 말했듯, 캐릭터의 표정 변화를 영상에 생생하게 나타내려면 좌푯값이 적게는 수천 개에서 많게는 수만 개까지 필요해요. 하지만 배우의 얼굴과 몸에 부착한 마커로 나타낼 수 있는 좌푯값은 100여 개가 전부거든요. 그래서 이때 확률 개념이 꼭 필요한 거랍니다.

마커만으로 표현하기 어려운 표정 데이터를 뒷받침하려면, 가장 먼저 사람의 표정 데이터를 정리해야 해요. 여러 사람의 웃는 표정을 단순히 이미지로 남기는 것이 아니라, 사람마다 웃을 때 달라지는 입꼬리의 좌푯값, 눈썹의 좌푯값, 광대의 좌푯값 등을 수와 문자로 변환해 컴퓨터에 저장한다는 말이죠.

그런 다음 각 입꼬리, 눈썹, 광대의 움직임으로 달라지는 좌푯값의 평균이나, 데이터가 어떤 모양으로 흩어져 있는지를 관찰합니다. 예를 들어 입력된 데이터가 다음 그래프처럼 기록됐다고 가정해 봅시다. 이 그래프에서 흩어진 회색 점은 입력된 데이터이고, 검은색 점은 좌푯값의 평균이에요. 데이터가 검은색 점에 가까울수록 모션 캡처, 이모션 캡처로 만든 표정이 자연스럽다고 분석할 수 있다는 말이에요.

이렇듯 세밀하고 섬세한 감정 표현은 단지 마커 수를 늘린다고 보완되지는 않아요. 그래서 최종적으로 자연스러운 표정을 완성

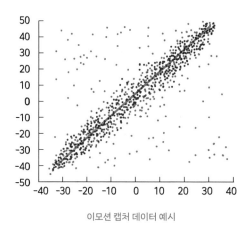

이모션 캡처 데이터 예시

하려면 반드시 데이터를 수학으로 분석해 비교해서 완성도를 높여야 해요. 물론 실제 영화 제작 팀들이 직접 이 자료를 일일이 분석하진 않아요. 기존 데이터로 분석을 마치고 이를 바로 작업에 활용할 수 있는 컴퓨터 프로그램이 개발돼 있어, 이를 활용하면서 촬영을 진행한답니다.

이렇게 곳곳에서 수학의 활약으로 배우의 연기에 컴퓨터 그래픽스를 더해 가상 캐릭터를 완성할 수 있어요. 〈아바타〉 캐릭터가 3차원 공간에서 자유롭게 마음껏 연기를 펼칠 수 있는 것도 모두 수학 덕분인 셈이죠.

°2부
아침부터 밤까지
일상과 함께하는
수학

아침이 밝으면 알람이 울리는 스마트폰부터 더듬더듬 찾기 마련이죠. 아침 식사를 할 때도, 화장실 변기에 앉아서도 스마트폰은 놓을 수 없고요. 깜빡 졸다가 스마트폰을 손에서 놓쳤는데 이런, 또 액정에 금이 가고 말았어요. 울상 짓다 시간을 보고 뛰어나갔지만 또 눈앞에서 마을버스가 휭 떠나 버려요. 이런 걸 '머피의 법칙'이라고 한다죠?

오늘도 지각이라고 침울해 있었더니 친구가 학원 끝나고 라면을 사 주겠다고 하네요. 이왕이면 스파게티로 사 달라고 했더니 그건 비싸서 안 된대요. 면발만 좀 다르게 생겼을 뿐인데 가격은 왜 이렇게 다른 걸까요?

친구들이랑 라면을 먹고 집에 돌아오는 길, 날은 벌써 캄캄하고 칼바람이 불어요. 패딩 입은 친구 넷이 꼭 붙어 걸었더니 마치 펭귄이라도 된 기분이라 한참 웃었어요.

이런 일상도 나쁘진 않은데 요새 고민이 하나 있다면 수학이 점점 어려워진다는 거예요. 그냥 산수만 할 수 있으면 되는 거 아닌가? 에라 모르겠다, 하고 하늘을 올려다봤더니 달이 엄청 크고 밝아요. 스마트폰 카메라로 찍어 봤는데, 실물만큼은 아니지만 꽤 그럴듯해요.

2부에서는 이렇게 아침에 일어나서부터 저녁에 귀가할 때까지 하루 일상에 속속들이 녹아 있는 '수학'에 대해 알아볼 거예요. 의식하지 못하는 순간에도 수학은 여러분과 함께 있답니다!

05 : 계산기에서 스마트워치까지, 컴퓨터의 진화

혹시 하루에 스마트폰을 비롯한 스마트 기기를 얼마나 사용하나요? 만약 스마트워치까지 있는 친구들이라면 잠자는 시간까지 하루 종일 스마트 기기를 몸에 지니고 있는 셈이죠. 물론 여러분은 아직 더 자라야 하는 청소년이니만큼 무한정 자유롭게 스마트폰을 하기보다는 자제력을 기르는 게 좋아요.

방송통신위원회의 「2022 방송매체 이용 행태 조사」에 따르면, 십 대는 하루 평균 2시간 48분 동안 스마트폰을 사용한다고 해요. 물론 이 데이터는 평균값이므로 이보다 훨씬 더 오래, 혹은 이보다 훨씬 더 조금 사용할 수도 있겠죠.

사용 시간과 상관없이 우리가 스마트폰을 손에서 놓을 수 없는 이유는, 단순히 동영상 때문만은 아닐 거예요. 스마트폰이 생활에 유용한 다양한 부가 기능들까지 갖췄기 때문에 이것저것 하다 보면 어느새 시간이 흐르는 거죠.

스마트폰의 시작은 컴퓨터, 컴퓨터의 시작은 계산기

스마트폰의 출발은 당연히 컴퓨터입니다. 컴퓨터라고 하면 여러분은 아마 대부분 노트북이나 학교 컴퓨터실에 있는 PC를 떠올릴 거예요. 하지만 그 모습은 극히 일부일 뿐이죠. 오늘날 우리 일상을 편리하게 돕는 스마트 기기의 시작점에는 컴퓨터가 있어요. 손안에 고도로 발달된 아주 작은 컴퓨터를 지니고 다니는 셈이죠. 그렇다면 이 컴퓨터가 처음 생겨난 이유는 무엇일까요?

지금과 같은 모습의 컴퓨터는 아니지만 그 역사의 시작에는 '계산'의 목적이 있었습니다. 18세기에는 계산기가 없어서 수학자들이 삼각함수나 로그 같은 문제를 풀려면 도표를 보고 직접 계산해야만 했어요. 그래서 계산하는 데 몇 주가 걸리기도 했대요.

배비지가 개발한 해석기관 (wikimedia / Mrjohncummings)

　영국 캠브리지대 수학과 교수이자 발명가였던 찰스 배비지 (1791~1871)는 마침내 계산 작업을 신속하고 정확하게 대신해 줄 기계를 생각해 냈습니다. 배비지가 1833년에 '해석기관'이라 명명한 기계가 바로 자동 계산기의 처음 모습이에요. 천공 카드punched card＊를 끼워 계산 실행 명령을 내리는 방식으로 설계된 기계죠.

＊　**천공 카드**　초기의 저장매체로서, 종이에 직사각형의 구멍을 뚫어 데이터를 표현하는 카드이다. 구멍을 뚫거나 뚫지 않음으로써 하나의 비트를 나타낸다. 당시에는 베틀로 천공 카드의 무늬를 짜곤 했는데, 후대에 수학자들은 이것이 바로 '최초의 코딩'이라고 해석하기도 했다.

매쓰 비 위드 유

컴퓨터만 알아듣는 말, 코드

컴퓨터는 명령어로 이루어진 알고리듬에 따라 움직이는 기계라고 할 수 있습니다. 알고리듬을 설계하려면 기계가 알아들을 수 있는 또 다른 언어가 필요해요. 이 언어는 사람들이 약속한 기호로 이루어져 있는데, 이것을 '코드'라고 불러요. 코드는 다양한 분야에서 사용되는 단어이지만 이 글에서는 컴퓨터 소프트웨어를 작동하는 데 필요한 '프로그래밍 언어(코딩 언어)'라고 정의하겠습니다.

컴퓨터는 일의 종류, 시간, 순서 등을 모두 일일이 지정해 줘야 우리가 원하는 대로 작동해요. 그래서 사람들이 원하는 식의 계산이나 작업을 컴퓨터가 이해하도록 알맞게 정리해서 순서를 정하는 것이 중요하죠. 이렇게 만들어진 결과물을 알고리듬이라고 부르고요. 알고리듬을 완성하기 위해서는 우리가 사용하는 언어가 아닌 컴퓨터만 알아들을 수 있는 명령어, 즉 코드를 입력해야 하고, 이 과정이 바로 여러분도 많이 들어 보았을 '코딩'이에요.

현대 알고리듬은 1930년대 수학자들이 명제를 증명하기 위해 논증을 사용하면서 확립되었습니다. 당시 알고리듬을 코드로 옮긴 최초의 언어가 바로 알골^{ALGOL}(Algorithmic Language의 줄임말)

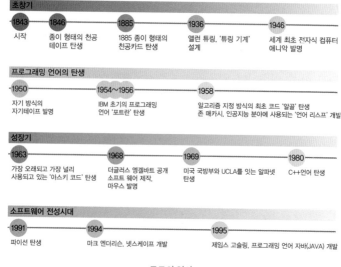

초창기

- **1843** 시작
- **1846** 종이 형태의 천공 테이프 탄생
- **1885** 1885 종이 형태의 천공카드 탄생
- **1936** 앨런 튜링, '튜링 기계' 설계
- **1946** 세계 최초 전자식 컴퓨터 애니악 발명

프로그래밍 언어의 탄생

- **1950** 자기 방식의 자기테이프 발명
- **1954~1956** IBM 초기의 프로그래밍 언어 '포트란' 탄생
- **1958** 알고리즘 지정 방식의 최초 코드 '알골' 탄생 존 매카시, 인공지능 분야에 사용되는 '언어 리스프' 개발

성장기

- **1963** 가장 오래되고 가장 널리 사용되고 있는 '아스키 코드' 탄생
- **1968** 더글러스 엥겔바트 공개 소프트 웨어 제작, 마우스 발명
- **1969** 미국 국방부와 UCLA를 잇는 알파넷 탄생
- **1980** C++언어 탄생

소프트웨어 전성시대

- **1991** 파이선 탄생
- **1994** 마크 엔더리슨, 넷스케이프 개발
- **1995** 제임스 고슬링, 프로그래밍 언어 자바(JAVA) 개발

코드의 역사

이라는 코딩 언어입니다. 알골은 〈기호〉 ::= 〈표현식〉 꼴로 이루어져 있죠.

알골에서 출발한 코드는 아스키ASCII(미국정보교환표준부호, American Standard Code for Information Interchange의 줄임말)로 발전하는데요. 아스키는 영문 알파벳을 사용하는 코드로서, 대부분 컴퓨터와 통신 장비 언어의 기초를 이룹니다. 아스키 중 여전히 사용되는 출력 가능한 문자는 영문 알파벳 대소문자 52개, 숫자 10개, 특수문자 32개, 그리고 공백 문자 1개죠.

요즘 청소년들이 가장 많이 접하는 프로그래밍 언어는 파이선 Python입니다. 문법이 쉽고 코딩 결과를 바로 확인할 수 있다는 장점이 있어요. 특히 파이선은 다른 프로그래밍 언어와 호환성이 높아서, 빠른 처리 속도가 필요한 부분은 C언어나 C++언어로 개발해 함께 사용하기도 합니다.

수가 길어지는데 계산은 빨라진다?

알다시피 컴퓨터는 수를 단 두 가지 상태, 즉 0과 1로만 인식하고 처리할 수 있습니다. 스위치가 꺼진 상태를 0, 켜진 상태를 1이라고 한다면, 컴퓨터 내부에 한 종류의 스위치 여러 개가 있다고 상상하면 돼요. 각각의 스위치는 이진법의 각 자리를 나타내므로, 스위치의 개수를 늘리기만 하면 아무리 큰 수라도 간단하게 표현할 수 있죠.

물론 컴퓨터에 열 종류의 스위치를 만든다면 십진법도 사용할 수 있을 거예요. 하지만 이렇게 하면 나머지 정보 처리 장치까지도 이진법에 비해 훨씬 복잡한 구조로 만들어야 해요. 간단한 연산이라도 메모리 용량이 몇 배는 더 필요하다는 거죠.

예를 들어 십진법 연산인 '123+456'을 처리한다고 가정해 볼 게요. 우리가 이 연산을 해결한다면, 일의 자리부터 차례로 더해 어렵지 않게, 아마도 1분 이내로 '579'라는 답을 구할 수 있을 거예요. 이처럼 대부분 사람은 이진법보다 십진법이 훨씬 친숙하고 다루기 쉽다고 느껴요.

하지만 100의 자리부터 연산을 시작하는 컴퓨터는 아래 그림의 십진법 덧셈표 100가지 경우 중에서 '1+4'의 답을 찾아서 자릿수에 맞게 처리하고, 그다음 100가지 경우 중에서 다시 십의 자리 연산인 '2+5'의 답을 찾아 처리하고, 일의 자리 연산도 같은 방법으로 해결해야 하죠. 글로 설명하면서 이렇게 길어진 것처럼,

10진법 덧셈표

+	0	1	2	3	4	5	6	7	8	9
0	0	1	2	3	4	5	6	7	8	9
1	1	2	3	4	5	6	7	8	9	10
2	2	3	4	5	6	7	8	9	10	11
3	3	4	5	6	7	8	9	10	11	12
4	4	5	6	7	8	9	10	11	12	13
5	5	6	7	8	9	10	11	12	13	14
6	6	7	8	9	10	11	12	13	14	15
7	7	8	9	10	11	12	13	14	15	16
8	8	9	10	11	12	13	14	15	16	17
9	9	10	11	12	13	14	15	16	17	18

2진법 덧셈표

+	0	1
0	0	1
1	1	$10_{(2)}$

십진법과 이진법 덧셈표

매쓰 비 위드 유

연산의 속도와 연산을 처리하는 메모리 용량도 더 많이 필요한 거예요.

그럼 '123 + 456'을 컴퓨터의 방식, 즉 이진법으로 계산하면 어떻게 될까요? 십진수 123은 이진수 $1111011_{(2)}$가 되고, 456은 $111001000_{(2)}$이 되어, 두 수를 더하면 $1001000011_{(2)}$이 됩니다. *

이렇게 표면적으로 연산의 자릿수가 늘어나기는 하지만, 이진법 덧셈표는 경우의 수가 네 가지밖에 없어서 연산의 속도는 훨씬 더 빨라집니다.

이처럼 컴퓨터와 코드의 역사에는 수학자들의 업적이 많이 녹아들어 있어요. 과거의 수학자들은 논리학자나 전산학자의 역할까지 했기 때문이죠. 하지만 그렇다고 해서 수학과 컴퓨터의 관계가 일방적인 것만은 아닙니다. 수학자의 영향으로 컴퓨터가 놀라운 속도로 발전할 수 있었듯이, 최근에는 반대로 알고리듬이나 컴퓨터 프로그램으로 설계한 시뮬레이션 등이 수학 연구에 큰 도움이 되고 있답니다.

06: 나는 왜 맨날 재수가 없을까?

　우산을 늘 가방에 넣고 다니다가 어쩌다 한번 빼놓고 간 날에 비가 와서 고생한 적이 있나요? 스마트폰을 떨어뜨렸는데 하필 액정이 있는 앞면으로 떨어져 화면이 망가진 일은요? 시간 맞춰 뛰어나왔는데 마을버스가 눈앞에서 떠난 적은요? 왜 '하필' 나한테만 계속 이런 일이 생기는지 궁금하다면 여기를 주목해 주세요.

　이렇게 발생 가능한 여러 가지 경우 중 유독 나쁜 일이 거듭되는 상황을 우리는 흔히 '머피의 법칙'이라고 부릅니다. 그런데 머피의 법칙을 그저 불행이 이어진 결과라고 단정할 수 있을까요?

우리가 잘 알고 있는 수학의 '확률' 개념으로 설명할 수 있다면, 억울함이 가시고 속이 좀 후련하지 않을까요?

'머피'는 불운한 사람?

머피의 법칙이라는 말은 1949년 미국 공군 기지에서 근무하던 항공 우주 엔지니어 에드워드 머피(1918~1990)의 일화[3]에서 생겨났습니다. 당시 미 공군은 조종사를 상대로 사람이 중력에 얼마나 견딜 수 있는지를 실험했어요. 전속력으로 달리다가 갑자기 멈췄을 때 우리 몸에서 어떤 변화가 나타나는지 값을 측정하는 실험이었죠. 그런데 뭐가 문제였는지, 모든 실험자의 결과가 제대로 나오지 않아 실험은 실패로 돌아가고 말았어요.

이 실험을 설계한 머피는 실패 이후 원인을 찾아보기 시작했죠. 그 결과 조종사 몸에 부착하는 전극 봉의 한쪽 끝 전선이 배선 기술자의 사소한 실수로 잘못 연결돼 있다는 걸 확인했어요. 이에 교훈을 얻은 머피는 다음과 같은 말을 남깁니다.

어떤 일을 하는 데에는 여러 가지 방법이 있고

그 가운데 한 가지 방법이 재앙을 초래할 수 있는데,

누군가는 꼭 그 방법을 쓰기 마련이다.

그 뒤로 이 말은 실패할 경우를 미리 대비하자는 의미를 강조할 때마다 인용됐고, '머피의 법칙'이라는 이름으로 퍼져 나갔어요. 그러다 나중에는 일이 잘 풀리지 않는 상황을 가리키는 말로 와전되었습니다. 오늘날 머피의 법칙은 '우연히 나쁜 방향으로만 일이 전개되는 현상'을 뜻하니까요. 인간의 힘으로는 어쩔 수 없는 영역인 '불운'을 설명하는 대표적인 법칙이 된 셈이죠.

왜 우산 없는 날에만 비가 내릴까

우산을 어쩌다 집에 두고 나온 날에 비를 만나는 건 누가 봐도 머피의 법칙 같은 일이에요. 하지만 수학적으로 해석하다 보면 꼭 그렇지도 않아요.

예를 들어 볼까요? 기상청 기상정보개방포털에 따르면, 1991년부터 2020년까지 서울의 연평균 강수일은 약 108일이었습니

매쓰 비 위드 유

다. 더 최근 기록을 보자면 2022년에는 104일이었고, 비가 오지 않은 날은 261일이었어요. 그러니까 2022년 기준, 서울에 비가 오지 않을 확률은 365분의 261로 약 70%인 셈이죠.

이와 관련한 확률을 수학적으로 계산해 볼게요. 비와 우산의 유무를 기준으로 아래와 같이 표를 만들면 쉽고 간단하게 다양한 경우의 확률을 구할 수 있습니다. 일단 계산을 쉽게 하기 위해 우리나라의 평균 강수일을 바탕으로 연중 비가 오지 않을 확률을 0.7, 비가 올 확률을 0.3으로 하겠습니다. 그리고 우산을 가지고 다닐 경우와 그렇지 않을 경우의 확률은 똑같이 0.5로 정할게요. 이렇게 하면 〈표1〉에 표시한 대로 맨 아랫칸과 맨 오른쪽 칸에 들어갈 확률이 결정돼요.

그리고 1년 365일 중 80%(0.8)는 적어도 둘 중 하나(비가 오지 않거나 우산이 있거나)는 반드시 일어난다고 가정합시다. 다시 말해 비를 맞을 가능성이 없는 날로, 〈표2〉에 표시

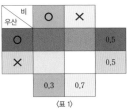

우산＼비	O	X	
O			0.5
X			0.5
	0.3	0.7	

〈표 1〉

우산＼비	O	X	
O			0.5
X			0.5
	0.3	0.7	

〈표 2〉

우산＼비	O	X	
O	0.1	0.4	0.5
X	0.2	0.3	0.5
	0.3	0.7	

〈표 3〉

비와 우산의 확률

한 대로 비가 오지 않을 확률(남색)과 우산이 있을 확률(갈색)을 더하면 0.8이 된다는 말이에요. 그에 따라 나머지 칸(보라색)이 0.2가 된다는 사실을 알 수 있어요. 한 개의 확률값이 정해졌으니, 이제 남은 세 칸의 확률도 구할 수 있습니다.

결과적으로 〈표3〉과 같이 '우산이 없는 날 비가 올 확률(0.2)'은 '우산이 있는 날 비가 올 확률(0.1)'의 두 배입니다. 또 '우산이 있는 날 비가 오지 않을 확률(0.4)'은 '우산이 없는 날 비가 오지 않을 확률(0.3)'보다 높아요. 따라서 우산이 필요한 날에는 우산이 없을 확률이, 우산이 필요하지 않은 날에는 우산이 있을 확률이 높은 거죠. 그러니 이때마다 본인이 운이 없다고 여기게 되는 거고요.

이렇듯 우산을 챙기지 않은 날 비가 오는 것이나, 우산을 챙긴 날 비가 오지 않는 것 모두 불운의 결과라기보다는 그저 일어날 확률이 높은 일인 거예요.

스마트폰을 떨어뜨렸을 때 일어나는 일

요즘은 스마트폰을 늘 손에 들고 다니다 보니 실수로 바닥에 떨어뜨리는 경우도 많습니다. 근데 하필 액정 부분이 바닥에 세게

부딪히면서 처참하게 금이 가는 경우가 많은 것 같아요. 이것도 그저 스마트폰 주인이 불운한 탓일까요?

이 문제는 실제로 행해졌던 '식빵 낙하 실험'을 바탕으로 다시 생각해 볼 수 있어요. 영국의 수학자이자 과학자인 로버트 매슈스 (1959~)는 머피의 법칙 연구에 진심인 편이었어요. 급기야 한쪽 면에 잼을 바른 식빵이 바닥으로 떨어질 때 양쪽 중 어느 면이 바닥에 닿을 확률이 높은지 알아보는 연구를 진행했죠. 실제로 실험을 무려 9,821회나 했다고 해요. 그 결과, 잼을 바른 면이 6,101회, 반대 면이 3,720회 바닥에 닿았어요.

매슈스는 복잡한 물리학 공식을 통해 이 실험 결과를 분석하면서 '약 1m 높이의 식탁에서 식빵을 떨어뜨리면 식빵이 약 반 바퀴 회전하는데, 이 경우 잼을 바른 면이 바닥에 닿을 확률이 62.1%'라는 결론을 내렸습니다.[4]

그럼에도 불구하고 사람들은 식빵을 놓쳤을 때 잼이나 버터를 바른 면이 바닥에 닿으면 운이 없다고 여기며 머피의 법칙을 떠올리죠. 이는 은연중에 양쪽 면이 바닥에 닿을 확률이 각각 50%로 똑같다고 생각하기 때문이에요. 하지만 이것은 공기와 바람의 영향이 전혀 없는 진공상태에서 아무것도 묻히지 않은 식빵을, 아무힘의 차이도 없이 떨어뜨린다고 가정할 때나 가능한 수학적 확률입니다.

이에 반해 매슈스는 잼이나 버터를 바른 면은 그렇지 않은 면에 비해 무거워 바닥 면에 닿을 확률이 높다는 것을 실험을 통해 증명했죠. 이 결과로 1996년 매슈스는 기발하고 웃음을 주는 연구에 수여하는 이그노벨 물리학상을 받았습니다.

매슈스는 물론, 후대 다른 연구자들도 액정 화면이 있는 스마트폰의 앞면이 바닥에 닿을 확률에 대한 연구를 다양한 실험을 통해 진행했어요. 요즘 스마트폰은 꽤 묵직해서 사용할 때 뒷면을 잘 받쳐야 하는데요. 대개 그러듯이 뒷면 가운데에 검지를 대고 있다가 떨어뜨리면 아래 그림과 같이 회전하면서 바닥에 부딪히게 돼요.

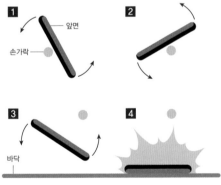

스마트폰을 손에서 떨어뜨렸을 때 회전 각도5

매쓰 비 위드 유

매슈스는 2015년 11월, 스마트폰에 작용하는 중력을 토대로 다음과 같은 '회전 운동 방정식'을 세웠습니다.

$$w = 2\sqrt{\left(\frac{3g}{L}\right)\left[\frac{p}{1+3p^2}\right]\sin\theta}$$

이 방정식에 따르면, 사람의 허리 높이에서 회전하며 떨어지는 스마트폰은 평균 한 바퀴 이상 돌기 때문에, 액정이 바닥에 닿을 확률이 더 높죠.

매슈스의 연구에서 보듯, 여러 차례의 반복된 실험을 통해 도출해 낸 확률을 경험적 확률* 이라고 합니다. 우리가 흔히 머피의 법칙이라고 여기는 현상 중 많은 경우가 경험적 확률이 높은 사건에 해당해요. 우산을 챙긴 날 비가 오지 않거나, 식빵을 떨어뜨렸을 때 잼을 바른 면이 바닥에 닿는 일도 그러한 경우라고 볼 수 있죠. 그러니까 나에게만 특별히 일어나는 불운이 아닌, 그저 발생할 확률이 높은 사건인 거예요.

---

*   **경험적 확률**   이론적 예측이 아닌, 실제로 충분히 반복해 실행했을 때 나타나는 확률값이다. 통계적 확률이라고도 하며, 실행을 무한에 가깝게 반복할수록 수학적 확률에 가까워진다. 반대로 수학적 확률은 각 사건이 발생할 확률이 정확히 똑같다는 것이다.

인간의 기억은 '선택'적이다

사람들이 유독 자신에게만 머피의 법칙이 잘 들어맞는다고 믿는 데에는 '선택적 기억'도 한몫합니다. 선택적 기억이란, 사람들이 실제 일어난 일에 대해 자신이 원하는 내용만 남기고 다른 정보는 삭제하려는 경향을 말하죠. 선택적 기억을 자신의 운과 관련지을 경우, 여러 가지 상황 중에서 유독 일이 뜻대로 되지 않았거나 실패한 경험을 잘 기억하게 됩니다.

인생 전체를 놓고 보면 떠나는 버스를 운 좋게 잡아탄 경우와 버스를 놓친 경우는 거의 반반으로 비슷할 겁니다. 그런데 어떤 사람은 자신이 버스를 타려고만 하면 버스가 간발의 차로 출발해 버린다는 식으로 기억해요.

또 횡단보도를 건널 때도 유독 자신이 빨간 신호에 자주 걸린다고 생각하죠. 그러나 사람들이 길을 가면서 빨간 신호와 초록 신호를 만날 확률은 거의 비슷하다는 게 수학적 통계의 결과입니다. 다만 초록 신호일 때에는 원래 가던 길을 무심히 지나가다가도 빨간 신호가 켜지면 이를 의식해 행동을 멈춰야 하므로 기억에 잘 저장되는 거죠.

우리가 머피의 법칙이라고 여겨 온 일들을 수학적으로 따져 보

매쓰 비 위드 유

면 좌절하거나 슬퍼할 이유가 없다는 걸 깨달을 수 있어요. 그 일들 대부분은 일어날 확률이 높은 사건이었거나 선택적 기억 때문에 실제보다 과하게 해석된 결과일 테니까요.

07 : 라면은 곡선, 스파게티는 직선인 이유

학교에서 다시 학원으로, 정신없이 일과를 마치고 출출한 시간. 이럴 때 가장 생각나는 건 뜨끈한 라면 한 그릇. 쫄깃한 면발에 짭조름한 국물이 입맛을 당깁니다. 라면은 언제, 어디서, 누구와 먹어도 꿀맛이죠. 이제 편의점 즉석 라면 기계 덕분에 컵라면은 물론 봉지라면도 쉽게 먹을 수 있게 됐어요.

머리가 지끈지끈한 공부를 마치고 먹는 라면이라니! 생각만 해도 군침 돌지 않나요? 이번엔 면발과 수학에 얽힌 이야기를 들려줄게요.

라면이 꼬불꼬불한 이유는?

여러분은 특별히 좋아하는 라면이 있나요? 요즘은 개개인의 취향을 고려한 라면을 다양하게 개발하고, 서로 다른 브랜드끼리 합작해서 특별한 한정판 라면을 내놓기도 하니 선택의 폭이 정말 넓어졌죠.

전문가들에 따르면, 라면 면발은 기본적으로 국물 맛과 식감에 영향을 미치기 때문에 밀가루의 등급부터 굵기까지 결정해야 할 요소가 아주 많다고 해요.

예를 들어 면을 삶은 뒤 양념에 비벼 먹는 비빔면의 경우, 굵고 탄력 있는 면발이 잘 어울리죠. 곰탕 같은 국물 라면에는 소면처럼 얇고 부드러운 식감의 면발이 더 어울릴 거고요.

그런데 이 모든 라면 면발의 공통점이 하나 있습니다. 바로 면발이 꼬불꼬불하다는 점이죠. 그 이유가 무엇일까요? 가장 큰 이유는 더 많은 양의 라면을 봉지에 담기 위해서예요. 곡선인 라면 면발 한 가닥의 길이는 평균 40cm 정도지만, 직선으로 쭉 잡아당겨서 펴 보면 그 길이가 약 1.4배인 57cm나 되거든요. 라면의 면발이 곡선이기 때문에 같은 부피 안에 최대한 많은 양을 담을 수 있는 거죠.

또, 요리 시간을 줄이고 맛을 더 좋게 하는 데도 직선 면보다는 꼬불꼬불한 면이 더 좋습니다. 대부분 라면은 기름에 한번 튀긴 면을 사용해요. 면을 튀길

꼬불꼬불한 면

일자 면

꼬불꼬불한 면과 일자 면

때 면이 기름을 빠르게 흡수해 골고루 튀겨지게 하려면, 면이 머금고 있는 수분이 잘 증발되도록 면과 면 사이의 공간이 필요한데요. 이럴 땐 직선 면보다 꼬불꼬불한 면이 공간을 확보하는 데 훨씬 더 유리하죠. 만약 직선 면이라면 기름에 넣는 순간 면발이 서로 달라붙어서 가닥가닥이 아닌 덩어리로 튀겨지는 곤란한 상황이 발생할 확률이 높아요.

이렇게 확보된 공간은 라면을 끓일 때도 아주 큰 역할을 합니다. 면이 꼬불꼬불해서 면발 사이에 공간이 있으면 끓는 물에서 면을 익힐 때 서로 들러붙지 않고 표면적이 넓어져요. 그럼 면발 사이사이로 열과 수분이 빠르게 침투할 수 있거든요. 덕분에 면발 속에 있던 지방이 빠르게 녹아 나오면서 양념이 골고루 잘 밸 수 있는 거랍니다.

그리고 면발이 단시간에 익으면 면발에 탄력이 생겨 식감도 쫄

깃해진다고 해요. 라면이 꼬불꼬불한 덕분에 더 많이, 더 맛있게
먹을 수 있는 셈이죠.

스파게티 삶다가 탄생한 논문?

아마도 여러분이 라면 다음으로 자주 먹는 면! 바로 스파게티
면이에요. 요즘은 스파게티도 라면과 같은 형태로 쉽게 끓여 먹을
수 있는 제품이 많죠. 여기서는 전통적인 방식으로 스파게티를 요
리하던 중 진행한 연구를 소개하려고 합니다.

스파게티는 주로 딱딱한 건면을 사용해요. 면을 얼마나 잘 삶
았느냐가 맛을 좌우하므로 면을 삶을 때 온 신경을 집중해야 하
죠. 물론 면 요리 대부분이 그렇지만, 스파게티는 특히 끓는 물에
서 면을 건지는 '타이밍'이 아주 중요합니다.

딱딱한 스파게티 면이 잘 익었는지 확인하는 대표적인 방법으
로 '던지기' 기술이 유행한 적이 있어요. 한 유명한 셰프가 방송에
나와서, 냄비 속 면을 조금 꺼내 냉장고나 주방 타일 벽에 던졌을
때 달라붙으면 먹기 딱 좋은 상태라고 했거든요. 하지만 이제 요
리하다 말고 면을 벽에 던질 필요 없이, 포크 하나면 충분히 알아

볼 수 있다고 합니다.

미국 물리학회에서 발행하는 학술지《유체물리학》2022년 3월 호에 재미있는 연구가 소개됐어요. 샘 터픽 미국 일리노이대학교 기계공학과 교수가 이끄는 연구 팀이 '잘 익은 스파게티 면을 확인하는 새로운 방법'을 발표한 거죠.[6] 이 연구에 따르면 스파게티 면이 잘 익었는지 확인하려면 포크로 스파게티 면을 들어 올려 면끼리 얼마나 달라붙는지 확인하면 된다고 합니다.

스파게티 면은 끓는 물에 삶으면 105배까지 부드러워져요. 이 때 잘 익은 스파게티 면 두 가닥을 일정한 간격을 유지하며 포크로 들어 올리면, 면은 아래 사진에서처럼 아래쪽부터 붙게 되죠. 실제로 연구 팀은 스파게티 면을 같은 조건에서 각각 12분, 18분,

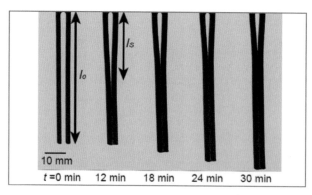

스파게티 면을 삶을 때 면끼리 달라붙는 정도[6]

매쓰 비 위드 유

24분, 30분 삶은 뒤에 면 두 가닥을 들어 올려서 서로 얼마나 달라붙는지 관찰했어요.

실험의 구체적인 조건을 살펴보자면, 물의 온도는 100℃, 물의 양은 약 5.6L, 소금의 양은 물의 양의 약 0.8%였습니다. 실험 결과, 면이 익을수록 두 가닥이 더욱 잘 달라붙어서, 포크 밑에 생기는 면과 면 사이의 공간이 줄어드는 걸 확인했죠.

그리고 면의 전체 길이에 상관없이 면발이 서로 떨어진 부분의 길이가 약 2cm 정도일 때,[7] 가장 먹기 알맞은 상태인 '알 덴테^{al dente}'가 되었다고 해요. 알 덴테란, 스파게티를 비롯한 파스타의 원산지인 이탈리아 남부 지역에서 선호하는 면 조리법으로, 면을 씹었을 때 가운데 심이 느껴질 정도로 설익은 상태를 말해요. 건면으로만 만들 수 있는 것이 특징이죠.

면이 서로 떨어진 부분의 길이

어떻게 스파게티 면 삶기 하나로 학술 논문을 쓰냐고요? 물론 실제 논문 내용에는 실험 결과뿐 아니라, 연구 팀이 평소에 연구해 온 복잡한 방정식들로 실험 결과를 뒷받침하는 내용도 포함돼 있어요. 예를 들어 끓는 물 속에 넣은 딱딱한 스파게티 면에 물이 얼마나 빠른 속도로 파고들어 면을 익히는지를 계산하는 방정식도 있죠. 이건 '확산 방정식'이라고 불러요.

연구 팀은 이 연구를 통해 시간에 따라 물에 닿은 물질의 강도와 크기가 어떻게 달라지는지, 다시 말해 딱딱한 스파게티 면을 끓는 물에 삶을 때 시간에 따라 어떤 변화가 있는지 알아냈다고 설명했어요.

실제로 이 연구는 코로나19로 연구실이 폐쇄된 덕분(?)에 연구자들이 집에만 머물다가 떠오른 아이디어로 완성했대요. 일상이 멈춰도 과학자들의 연구는 계속된다는 사실이 정말 놀랍죠?

08: 황제펭귄이 가르쳐 준 보온의 비밀

아무리 움직임이 둔해져도 겨울에 '패딩'은 포기 못 하죠. 언제부턴가 패딩은 한국인의 겨울철 유니폼이 됐어요. 특히 청소년들은 '검은색 롱패딩'을 선호하는데, 교복 위에 패딩을 입다 보니 모두 같은 학교 학생 같은 착각을 일으키기도 해요. 한편으로는 남극의 혹한 추위를 견뎌 내고 있는 황제펭귄 무리가 떠오르기도 하고요. 이번에는 패딩을 구성하는 소재인 '털' 이야기로 시작해, '수학적'인 생존 방식으로 추위를 이겨 나가는 황제펭귄 이야기까지 해 보려고 해요.

패딩에 적합한 털이 따로 있을까

패딩은 옷 속에 충전재를 넣어서 만든 점퍼를 말해요. 요즘은 동물 보호를 위해 동물 털이 아닌 것을 충전재로 삼기도 하지만, 오랫동안 주로 거위나 오리의 털을 많이 이용해 왔죠. 그런데 왜 하필 거위나 오리의 털일까요? 우리에게 가장 친숙한 닭의 털은 안 될까요? 혹은 타조 털은 어떨까요? 몸집이 큰 만큼 털도 많아서 더 좋을 것 같은데 말이죠.

동물의 깃털은 태생부터 보온력을 지니고 있어요. 특히 거위나 오리는 물가에 사는 물새라서 깃털 속에 솜털이 나 있어요. 물속에서는 공기 중에서보다 더 쉽게 열을 빼기게 되는데, 이때 솜털이 공기를 머금고 있어 체온 유지에 도움을 줘요. 솜털 내부에 수없이 많은 공기 방이 있는 셈이죠. 게다가 여러 솜털이 서로 얽히면서 생기는 사이 공간에 공기가 갇혀서, 바깥의 찬 공기를 막아 안쪽은 따뜻하게 유지할 수 있답니다.

그래서 거위나 오리는 몸에서 주로 물에 닿는 부분인 목 아랫부분, 가슴과 배 아랫부분, 날개 아랫부분에 솜털이 집중돼 있어요. 몸 전체의 10%나 차지하는 비율입니다.

동물의 깃털은 칼깃형 깃털과 솜털형 깃털로 나뉘는데요. 칼깃

칼깃형 깃털(위)과 솜털형 깃털(아래)의 구조[8]

형 깃털은 갈고리 구조가 잘 발달해 있어 깃털이 뻣뻣하게 고정돼
요. 반면 솜털형 깃털은 갈고리 구조가 발달하지 않아서 제멋대로
나풀거립니다. 대신 작은 깃가지의 밀도가 높아 깃털 속에 공기층
을 더 많이 가둘 수 있어서 보온력이 뛰어난 거죠.

　또한 솜털은 한가운데 단단한 심이 있는 칼깃보다 가늘고 가벼
워요. 겨울 외투는 가뜩이나 부피가 큰데, 충전재까지 무게가 많
이 나가면 곤란하겠죠.

　앞서 닭이나 타조의 털로 패딩을 만들면 어떻겠느냐고 했죠?
이들의 깃털은 솜털도 아니고 상대적으로 억세서 패딩 속 충전재
로는 적절하지 않다고 하네요.

추울수록 빽빽하고 촘촘한 털

아무리 한국의 겨울이 춥다고 해도 남극과 북극, 두 극지방과 비교할 수는 없을 거예요. 남극의 겨울은 기온이 영하 40℃까지 떨어지고 바람도 최대 시속 140km까지 불어서, 가만히 서 있기도 힘든 날씨예요. 대체 이런 날씨에 털도 짧은 펭귄들은 긴긴 겨울을 어떻게 보내는 걸까요?

지구에 사는 18종의 펭귄 중 6종이 남극에 살아요. 남극의 펭귄은 물가에 사는 다른 새들과 다른 특별한 털을 지니고 태어나요. 훨씬 더 빽빽하고 촘촘한 깃털이죠. 가로세로 길이가 2cm 정

바깥쪽은 빽빽한 깃털, 안쪽은 가늘고 긴 솜털로 이루어진 펭귄의 털 구조
(wikimedia / Auckland Museum Collections)

도인 정사각형 안에 깃털 100개가 채워질 정도랍니다.

펭귄은 이렇게 촘촘하게 난 털 덕분에, 수영할 때 물이 피부에 직접 닿지 않아요. 빽빽한 깃털 속엔 가늘고 긴 솜털이 채워져 있는데, 솜털이 머금고 있는 공기층이 마치 보호막처럼 펭귄 몸 전체를 감싸서 보호해 줍니다.

맞대야 산다, '허들링' 작전

이렇듯 추위를 이겨 내는 펭귄들 중에서도 황제펭귄은 강추위에도 알을 낳는 유일한 펭귄으로 잘 알려져 있어요. 이들은 알을 낳고 지키기 위해 체온을 유지할 최적의 방법을 선택했는데요. 바로 서로 모여서 몸을 맞대어 체온을 지키는 '허들링huddling' 방식을 따르는 거예요. 여기에 재미있는 수학 원리가 담겨 있죠.

프랑수아 블랑셰트 미국 캘리포니아대학교 머세드캠퍼스 응용수학과 교수가 2012년에 발표한 연구 논문에 따르면, 황제펭귄은 체온의 손실을 최대한 막으려고 육각형의 성질을 이용한다고 해요.[9] 연구 팀은 다음 그림처럼 황제펭귄의 허들링 방식 속에서 발견할 수 있는 움직임의 규칙을 컴퓨터 시뮬레이션 프로그램으로

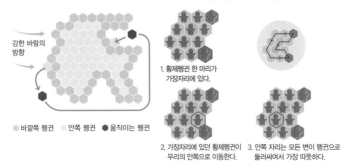

강한 바람의
방향

●가장 추움　●추움　●따뜻함

1. 황제펭귄 한 마리가
가장자리에 있다.

●바깥쪽 펭귄　●안쪽 펭귄　●움직이는 펭귄

2. 가장자리에 있던 황제펭귄이
무리의 안쪽으로 이동한다.

3. 안쪽 자리는 모든 변이 펭귄으로
둘러싸여서 가장 따뜻하다.

황제펭귄의 허들링 원리[10]

만들고, 그들이 추위를 이겨 내기 위해 허들링 구조 모양을 어떻
게 바꿀지 예측했어요.

그 결과, 황제펭귄들은 각자의 몸을 마치 육각형처럼 만들어
다닥다닥 붙은 모습으로 추위를 이겨 낸다는 걸 알게 됐습니다.
마치 벌들이 집을 육각형으로 지어서 공간을 최대한 넓게 사용하
는 것처럼요. 다시 말해 황제펭귄의 몸과 몸이, 육각형의 변과 변
처럼 꼭 맞닿아서 빈틈없이 메워지고 차가운 바깥 공기가 그 안쪽
으로는 덜 스며들었던 겁니다. 이러한 허들링 방식을 통해 한 마
리 황제펭귄이 최소 두 마리에서 최대 여섯 마리의 다른 황제펭귄
과 몸을 맞댈 수 있었어요.

덧붙여 연구 팀이 개발한 컴퓨터 시뮬레이션에 따르면, 황제펭

　매쓰 비 위드 유

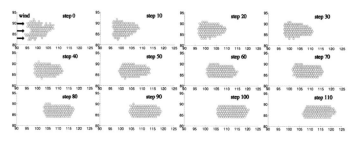

황제펭귄 허들링 시 미세한 자리 이동[11]

귄의 허들링은 불규칙한 모양으로 시작하지만 시간이 지날수록 점차 규칙적인 기하학적 무늬를 보일 것으로 예측됐습니다.

공평하게 계속 자리를 이동하는 지혜

그럼 바깥쪽에 서 있는 펭귄은 추워서 어떻게 하느냐고요? 걱정할 것 없어요. 황제펭귄 무리를 오랜 시간에 걸쳐 관찰했더니 펭귄들이 규칙적으로 자리를 이동하는 모습이 발견됐거든요.

독일의 해양물리학자 다니엘 치터바르트는 황제펭귄의 허들링을 오랫동안 연구해 왔습니다. 그가 2011년에 발표한 논문에 따르면, 황제펭귄들은 30~60초마다 5~10cm를 움직였습니다.[12] 이 움직임은 아주 미세해서 타임랩스 방식으로 긴 시간 촬영해야 겨우 관찰할 수 있어요. 맨눈으로는 마치 황제펭귄들이 꼼짝하지 않고 한자리에 서 있는 것처럼 보이지만, 알고 보면 무리 안에서 체온을 충전한 황제펭귄은 순서에 따라 바깥으로, 바깥에 있던 황제펭귄은 안쪽으로 이동해 모두 체온을 유지하는 거죠.

추운 날씨 탓에 주로 집 안에 머물러 허전한 기분이 든다면, 황제펭귄처럼 똘똘 뭉쳐 있는 친구들 모습을 떠올려 보자고요!

기후 위기로 인해 2100년 이전에 멸종될 것으로 추정되는 황제펭귄
(shutterstock / sergey402)

매쓰 비 위드 유

카메라

09: '찰칵' 찰나에 담긴 영원의 수학

'찰칵, 찰칵!'

예쁘게 차려진 음식을 먹을 때도, 기억하고 싶은 여행지에서도, 하늘에 멋진 구름이 펼쳐진 날에도 인증샷은 '국룰'. 카메라는 스마트폰 사용자가 가장 많이 쓰는 기능 중 하나예요. 각자의 SNS에 자신의 경험이나 취미 활동, 먹거리를 담아내기 위해, 심지어 거울이 필요할 때조차 스마트폰 카메라 기능을 십분 활용하죠. 덕분에 우리는 수시로 일상의 소소한 기록을 남길 수 있습니다.

갈수록 진화하는 스마트폰 카메라 기술은 촬영에 재미를 더해 줍니다. 요즘엔 노래에 맞춰 정해진 율동을 하는 등 활용할 수 있는 추가 기능들이 많아져 누구나 그럴듯한 콘텐츠를 완성할 수 있어요.

친구들과 함께 같은 음식, 같은 장소의 사진을 찍어도 결과물은 조금씩 다르죠? 물론 사진 찍는 기술의 차이일 수도 있지만, 스마트폰 기종에 따라 카메라의 화각과 조리개 성능이 달라서일 수도 있어요

머리를 돌리지 않고도 360°를 볼 수 있다면

벽에 등을 기대고 서서 정면을 똑바로 응시해 보세요. 그런 다음 손으로 한쪽 눈을 가려요. 이 상태에서 우리는 정면을 기준으로 몇 도까지 옆을 볼 수 있을까요?

이렇게 눈으로 볼 수 있는 각도를 시야각이라고 하는데요. 사람의 한쪽 눈 시야각은 약 80~100° 정도예요. 가렸던 한쪽 눈을 마저 뜨고 양쪽 눈으로 정면을 보면 전체 시야각은 180~200° 정도가 되고요. 시야각은 사람마다 조금씩은 달라요.

그럼 사람이 아닌 동물의 시야각은 어떨까요? 동물의 경우에

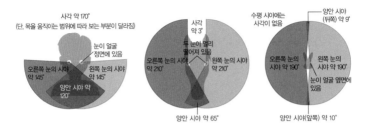

왼쪽부터 사람, 말, 토끼의 시야각

는 눈의 위치와 눈동자 회전력에 따라 시야각이 360°도까지 가능해요. 특히 초식동물은 넓은 시야가 발달해 있어요. 예를 들어 머리 양옆으로 두 눈이 멀찍이 떨어져 있는 말이나 사슴 같은 초식동물은 시야각이 큰 편이에요. 따라서 이들은 굳이 고개를 돌리지 않아도 넓게 볼 수 있답니다. 이는 한 번에 넓은 범위를 주시하고 적의 위험을 빨리 알아차리는 데 유리하죠.

특히 토끼는 한쪽 눈으로 190°까지 볼 수 있어요. 그림에서처럼 토끼의 전체 시야각은 360°가 넘죠. 다른 동물이 토끼 뒤에서 살금살금 다가가도 토끼는 다 볼 수 있다는 얘기예요.

반면, 호랑이나 사자 같은 육식동물은 눈이 앞쪽으로 나란히 달려 있어 사람과 시야각이 비슷해요. 그 대신 이들은 먹이까지의 거리를 계산하는 감각이 매우 발달했죠. 시야각은 이렇듯 동물이 사는 환경이나 습성에 따라 각각 다르게 발달해 왔어요.

한편, 시야각은 눈동자 회전력에 영향을 받기도 해요. 카멜레온은 눈 사이 간격이 넓고 눈이 튀어나와 있지만 실제로 볼 수 있는 눈구멍은 아주 작아요. 그런데 이 친구는 양쪽 눈동자가 따로따로 움직인대요. 한쪽 눈의 시선과 나머지 한쪽 눈의 시선이 서로 다른 각도로 세상을 바라보는 거예요. 그래서 양 눈을 움직여서 볼 수 있는 시야각을 합하면 360°가 돼요. 얼굴이 정면을 향할 때 머리를 돌리지 않고도 주변에 무엇이 있는지 전부 감시할 수 있는 셈이죠.

작은 눈을 굴려 사방을 볼 수 있는 카멜레온
(shutterstock / Oleksandr Antonov)

매쓰 비 위드 유

카메라의 시야각, '화각'

카메라에서는 렌즈가 눈 역할을 하죠. 이때도 시야각은 매우 중요한 역할을 하는데, 카메라 렌즈의 시야각을 '화각'이라고 불러요. 화각은 렌즈의 '초점거리'와 일정한 관계가 있습니다. 렌즈의 화각에 따라 달라지는 피사체의 모습을 예측하는 데에도 수학 원리가 중요하게 쓰여요.

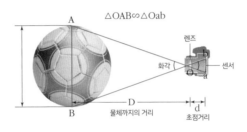

카메라 화각에 담긴 수학 원리

위 그림처럼 어떤 물체를 카메라로 촬영한다고 가정해 봅시다. 여기서 렌즈의 중심을 'O'라고 하고, 화각을 따라 선분 Aa와 선분 Bb를 그립니다. 그런 다음 각각 선분 AB(물체의 중심을 세로로 관통하는 선)와 선분 ab(카메라 속 센서를 세로로 관통하는 선)가 서로 평행하도록 그려 볼까요? 그러면 삼각형 OAB와 삼각형 Oab, 두 개의 삼각형이 만들어져요. 이 둘의 맞꼭지각인 각 AOB와 각 aOb는 서로 같고, 엇각인 각 BAO와 각 baO도 서로 같아요. 두 삼각형에서 대응하는 두 쌍의 각의 크기가 같을 때, 두 삼각형은 AA 닮음이라고 해요. 따라서 삼각형 OAB와 삼각형 Oab는 AA 닮음이 되죠.

두 삼각형이 닮음이기 때문에 렌즈의 화각이 변하면, 초점거리 d(O에서 센서까지의 거리)도 함께 변해요. 초점거리는 결과적으로 화면에 찍히는 물체 크기에 영향을 미치게 되죠.

이 두 닮음 삼각형을 이제 화각이 서로 다른 카메라에 적용해 봅시다. 그러면 화각이 다른 렌즈를 선택할 때 사진이 어떻게 달라지는지 둘 사이 관계를 예측할 수 있어요.

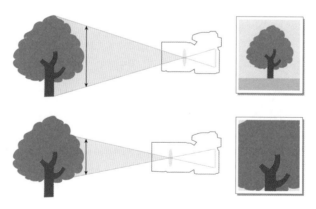

화각이 넓은 광각렌즈(위)와 화각이 좁은 망원렌즈(아래)

매쓰 비 위드 유

화각이 넓은 광각렌즈를 쓰면 그림의 위쪽과 같이 초점거리가 짧아집니다. 그 결과 더 넓게 사진이 찍혀요. 카메라 렌즈의 화각이 넓어지면 전체 풍경을 한눈에 담을 수 있지만, 사물이 실제보다 더 멀리 있는 것처럼 보이죠.

예를 들어 규모가 큰 크리스마스트리 앞에 서서, 트리도 사람도 잘 나오게 찍으려면 광각렌즈를 써서 화각을 넓혀야 해요. 만약 일반 렌즈로 찍는다면 사진에 트리 꼭대기는 나오지 않을 테니까요.

이와 반대로 화각이 좁은 망원렌즈를 쓰면, 그림의 아래쪽과 같이 초점 거리가 길어지면서 사진에 찍히는 범위가 좁아져요. 그 대신 크게 확대된 물체의 모습을 볼 수 있죠.

예를 들어 야구장에서 경기를 관람하다가 응원하는 선수가 등장할 때, 망원렌즈를 쓰면 선수의 모습을 크게 확대해서 담을 수 있는 것처럼요.

이처럼 렌즈의 화각은 초점거리와 일정한 관계를 이루며 사진 속 피사체 크기에 변화를 주게 됩니다. 여기에 관련된 수학 개념은 바로 '닮음'이에요. 서로 다른 두 도형의 길이의 비나, 각의 크기와 관련된 정해진 규칙이 있는 거죠. 이런 닮음 성질이 우리 생활 속 곳곳에 연결돼 있답니다.

'카툭튀'에 담긴 사연

스마트폰을 만드는 회사들은 경쟁하듯 카메라 렌즈가 2개(듀얼), 3개(트리플), 4개(쿼드), 5개(펜타)인 제품까지 만들기 시작했어요. 아무래도 새 스마트폰을 살 때 가장 크게 고려하는 요소 중 하나가 카메라의 성능이니 제작사도 앞다투어 카메라를 계속 연구하는 거겠죠.

스마트폰에서 강화된 카메라 기능은 사용자가 더 다양한 각도로 사진을 찍을 수 있도록 돕고, 여기에 손 떨림 보정, 이미지 센서나 야간 촬영이 가능한 빛 조절 센서 등을 추가해 만족도를 높이는 역할을 해요.

그런데 이렇게 스마트폰의 카메라 기능이 강화되자 카메라가 뒤로 볼록하게 튀어나오는 일명 '카툭튀' 현상을 피할 수 없게 됐어요. 왜냐하면 카메라 렌즈가 겹겹이 쌓여 있기 때문이죠. 어두운 곳에서도 선명하도록 10배, 나아가 100배 광학 줌 기능까지 넣으려면 여러 겹의 카메라 렌즈는 필수예요.

왜냐하면 빛을 모아 선명한 이미지를 얻으려면 빛을 한곳으로 모아 주는 볼록렌즈가 필요하거든요. 여기에 초점을 맞추려면 렌즈를 움직이는 장치도 더해져야 하고요.

매쓰 비 위드 유

카메라에 렌즈가 많으면 어떤 장점이 있을까요? 여러 장점이 있겠지만, 그중 하나는 바로 아웃포커싱이 가능하다는 거예요. 강조해서 찍으려는 인물이나 사물만 선명하게 강조하고 나머지 배경은 흐려지는 게 특징이죠.

그리고 한 대의 스마트폰에 초점거리가 다른 여러 개의 렌즈를 사용하면, 서로 다른 장면을 촬영해 입력된 사진 데이터를 비교해서 사물과 배경을 분리할 수도 있어요.

조리개 구멍이 커질수록 값은 작아진다?

아웃포커싱에서 또 하나 중요한 요소는 '빛'입니다. 렌즈가 빛을 얼마나 받아서 사진을 찍느냐에 따라 아웃포커싱 성공 여부가 달라져요. 밝은 빛 아래서 찍으면 배경이 적당히만 흐려져도 훌륭한 아웃포커싱 사진이 완성되지만, 그렇지 않은 경우엔 실패하기 쉽거든요.

이러한 카메라의 빛 조절 능력은 사진의 완성도를 좌우합니다. 빛의 세기와 각도에 따라 전혀 다른 사진이 되기 때문에 사진을 '빛의 예술'이라고 부르는 거죠. 이 과정에서 가장 중요한 역할을

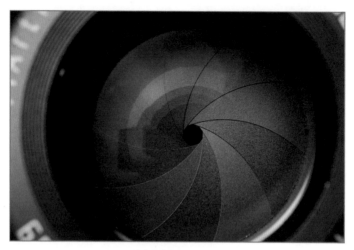
디지털카메라의 조리개
(shutterstock / deni pranata)

하는 건 바로 카메라의 조리개예요.

조리개는 우리 눈의 동공과 같은 역할을 해요. 동공은 외부에서 들어오는 빛의 양에 따라 스스로 크기를 변화시키는데, 가령 어두운 곳에서는 빛을 최대한 받아들이려고 커졌다가 밝은 곳에서는 빛 흡수량을 줄여야 하므로 작아집니다. 카메라의 조리개도 같은 원리로 작동해 렌즈로 들어오는 빛의 양을 따라 구멍을 키우거나 줄여요.

단, 카메라는 다양한 이미지를 연출해야 하므로 그만큼 조리개가 빛의 양을 여러 단계로 조절하는 한편, 단계별 변화 폭을 일정하게 유지해 정확도를 높입니다. 이렇게 카메라 조리개에 설정된 일정한 값들을 '조리개 값'이라고 불러요.

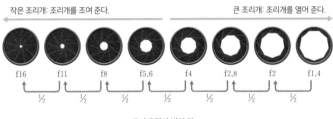

작은 조리개: 조리개를 조여 준다.　　　　　　　　큰 조리개: 조리개를 열어 준다.

f16　f11　f8　f5.6　f4　f2.8　f2　f1.4

½　½　½　½　½　½　½

조리개 값과 빛의 양

위 그림에 나타난 'f1.4, f2, f2.8, f4, f5.6, f8, f11, f16'이 바로 각각의 조리개 값이에요. 조리개 값은 f 뒤에 숫자로 표시하는데 이값이 작을수록 렌즈로 흡수되는 빛의 양이 늘어납니다. 즉, 조리개 값과 조리개 구멍의 크기는 서로 반비례 관계를 이룬다고 할수 있죠.

그런데 조리개 값 숫자를 가만히 살펴보면 좀 이상하지 않나요? 언뜻 불규칙해 보이는 이 규칙은 무리수* 와 관련돼 있어요.

조리개가 흡수하는 빛의 크기는 조리개 구멍의 넓이로 결정되는데요, 그에 따라 렌즈가 흡수하는 빛의 양을 2배로 늘리려면 조

---

* 　**무리수** 실수 중에서 유리수와 달리 분수 꼴로 나타낼 수 없는 수를 말한다. 예를 들어 $\sqrt{2}$ 나 π가 있다.

리개 구멍에 해당하는 원의 넓이가 2배로 커져야겠죠.

　이때 조리개 구멍의 반지름을 r이라고 하면, 조리개 구멍의 넓이는 πr^2이 돼요. 이 구멍의 넓이를 2배로 키우면, 조리개 구멍의 넓이는 $2 \times \pi r^2$이 될 테고요. 그럼 조리개 구멍의 넓이가 2배일 때 반지름 x는 어떻게 될까요?

$$\pi x^2 = 2\pi r^2$$
$$x^2 = 2r^2$$
$$x = \sqrt{2}\,r$$

　이 식에 따라 조리개 값도 구할 수 있는데요. 가령 조리개 값이 f2일 때 조리개 구멍의 넓이를 2배로 키우려면, 조리개 값은 조리개 구멍의 크기(반지름)와 반비례하기 때문에, 다음과 같이 조정해야 합니다.

$$2 \times \frac{1}{\sqrt{2}} = 2 \times \frac{\sqrt{2}}{2} = \sqrt{2} \fallingdotseq 1.4$$

　즉, 조리개 값이 f1.4일 때 조리개 구멍의 넓이가 2배가 되는 거죠.

매쓰 비 위드 유

물론 우리가 스마트폰으로 사진을 찍고 영상을 촬영할 때, 조리개 값과 그 속에 담긴 원리를 정확하게 알지 못해도 사용하는 데는 아무 문제가 없어요. 하지만 우리가 사용하는 스마트폰 카메라에도 본래는 조리개 값을 수동으로 설정하는 기능이 포함돼 있답니다. 그림에서 살펴본 것과 똑같은 조리개 값이 그대로 나오죠. 다만, f 옆 숫자 사이의 관계를 잘 알지 못해도, 기능 조절 아이콘이 직관적으로 잘 설계돼 있으니 왼쪽 또는 오른쪽으로 밀어 보면서 사진의 밝기를 조절할 수 있는 거예요. 이렇게 단순하고 놀라운 기능을 가능하게 한 것 역시 수학이었던 거죠!

⦂3부
더 재밌고 더 안전한
놀이와 함께하는
수학

십 대 청소년의 일과는 아주 촘촘하게 짜여 있죠. 그러다 커다란 시험이라도 한번 끝나야 소소한 자유시간을 허락받습니다. 그런데 그 시간마저도 스마트폰에 모두 빼앗기진 않았나요? 장시간 스마트폰을 하다 보면 눈도 시리고 팔이나 손가락도 아프게 마련이죠.

그러니 때로는 작은 화면에서 벗어나 직접 손이나 몸을 움직여서 놀아 보면 어떨까요? 재미도 있고 두뇌 활동에도 도움이 되는 놀이들이 의외로 꽤 많거든요.

먼저, 둘이든 셋이든 둘러앉아 다양한 보드게임을 해 볼 수 있겠고요. 그러다 여유가 생기면 놀이공원에 가서 롤러코스터를 타며 스트레스를 풀어 볼 수도 있겠죠.

한편, '집순이', '집돌이' 친구들은 각자의 방에서 조용히 쉬는 게 힐링이라고 하더라고요. 이런 친구들에게는 어린 시절 추억을 떠올리며 고차원 종이접기나 브릭('레고')으로 창의적인 작품 활동에 도전하는 시간을 추천합니다!

3부에서는 이렇게 공부하다가 바쁜 시간을 쪼개 머리를 식히고 싶을 때, 스마트폰을 내려놓고 할 수 있는 여러 가지 놀이 중에서 수학과 연결고리가 있는 키워드를 모아서 소개합니다.

10: 모든 보드게임은 나로부터

게임판 위에 말이나 카드를 놓고 일정한 규칙에 따라 진행하는 게임을 '보드게임'이라고 불러요. 보드게임은 전 세계 남녀노소가 즐기는 취미로 많은 사랑을 받고 있죠. 유아용부터 성인용까지 아주 다양한 제품들이 출시돼 있어요.

여러분은 보드게임이라고 하면 어떤 아이템이 가장 먼저 떠오르나요? 주사위, 카드, 미플(my people, 사람 모형) 등 여러 가지 요소가 있지만, 수학과 보드게임의 연결고리로는 뭐니 뭐니 해도 '주사위'를 꼽을 수 있습니다.

정육면체부터 십면체까지 다양한 주사위

보드게임에서는 주로 정육면체 주사위가 사용되는데요, 각 면에 1부터 6까지 숫자가 적혀 있으며 모든 면이 나올 확률은 같다고 봅니다. 다시 말해, 주사위를 사용하는 게임에서는 공정성이 생명인 셈입니다.

정육면체 주사위 외에 다른 정다면체 주사위도 쓰이는데요. 정다면체는 각 면이 모두 합동이므로 어떤 면이든 나올 수학적 확률이 같기 때문입니다.

정사면체 주사위를 사용할 때는 〈그림1〉처럼 주사위 윗면이 없어 결과를 보려면 바닥을 뒤집어야 한다는 불편함이 있죠. 그래서 정사면체 주사위에 눈을 적을 때, 〈그림2〉처럼 각 꼭짓점마다 서로 다른 숫자가 모이도록 설계하기도 해

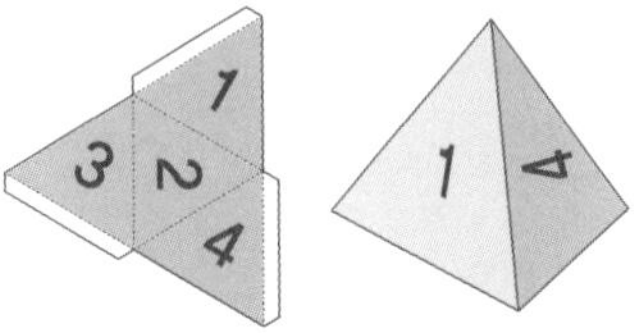

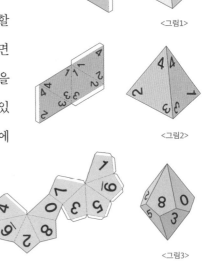

〈그림1〉

〈그림2〉

〈그림3〉

요. 게임 과정이 불편하지 않도록 바닥 면 대신 위로 뾰족하게 솟은 숫자를 결과 값으로 결정하는 방식으로 진화한 거예요.

그런데 한 꼭짓점에서 만나는 면의 개수가 전부 똑같은 정다면체가 아니더라도 주사위의 각 면의 크기와 모양만 같다면, 던져서 각 면이 나올 확률이 언제나 같으므로 다른 형태의 도형도 얼마든지 주사위로 사용할 수 있습니다. 〈그림3〉과 같은 십면체 주사위가 대표적이죠.

다양한 정다면체 주사위 (wikimedia / Diacritica)

매쓰 비 위드 유

법률적 판단 혹은 돈내기의 도구

주사위 게임은 주사위를 던지거나 굴렸을 때 윗면에 나타난 숫자를 선택해 즐기는 놀이입니다. 최초의 주사위에 대한 구체적인 기록은 남아 있지 않아요. 하지만 고대 유적에서 상아나 동물 뼈로 된 주사위가 발견된 것을 보면 그 역사가 매우 길다고 추측할 수 있죠.

고대 그리스와 로마에서는 주사위가 분쟁을 해결하는 해결사 역할을 하기도 했다고 전해져요. 죄수의 형량이나 보상금을 정하는 데 주사위를 사용했대요. 의사 결정의 도구로서도 큰 역할을 한 셈이죠. 그러다

그리스 문자가 새겨진 정이십면체
주사위(메트로폴리탄 미술관)

중세 유럽 시대로 넘어오고 나서야 주사위가 비로소 확률 이론과 만나면서 각종 수학 연구에 활용되기 시작했답니다.

그런데 이 무렵 주사위는 순수한 놀이를 넘어 돈이 걸린 게임에 쓰이기도 했어요. 이 때문에 정확한 확률 계산이 절실해져서 수학자에게 관련 문제를 의뢰하는 사람들이 많아졌어요. 아예 수학자가 승률을 연구해 직접 게임에 참여하는 일도 종종 있었는데

요. 다음과 같은 사례가 대표적입니다.

두 확률 중 더 큰 것은?

① 주사위 한 개를 네 번 던질 때 6이 한 번 이상 나올 확률

② 주사위 두 개를 스물네 번 던질 때 두 주사위에서 동시에 6이 한 번 이상 나올 확률

위 두 문제는 모두 여사건이 일어날 확률을 구하는 방식으로 푸는 게 좋습니다. 여사건은 어떤 한 사건에 대해 그 사건이 일어나지 않는 사건을 말하는데요. 그렇기 때문에, 사건이 일어날 확률과 여사건이 일어날 확률을 합하면 언제나 1입니다. 이는 사건이 일어나거나 일어나지 않을 확률은 100%라는 말과 같죠.

먼저 ①의 확률을 구해 볼까요? 주사위 한 개를 던질 때 나올 수 있는 숫자는 모두 6개이므로, 주사위 한 개를 네 번 던질 때 나올 수 있는 전체 경우의 수는 6^4=1,296입니다. 주사위 한 개를 던질 때 6이 한 번도 나오지 않을 경우의 수는 5이므로, 주사위 한 개를 네 번 던질 때 6이 한 번도 나오지 않을 경우의 수는 5^4=625이고요. 따라서 전체 확률에서 6이 한 번도 나오지 않을 확률(여사건의 확률)을 빼면 답이 나오죠.

$$1 - \frac{625}{1296} = \frac{671}{1296} \fallingdotseq 0.52$$

다음으로 ②의 확률을 구해 보겠습니다. 주사위 두 개를 동시에 던질 때 나올 수 있는 숫자는 $6^2 = 36$개입니다. 주사위 두 개를 스물네 번 던질 때 나오는 전체 경우의 수는 36^{24}이고, 주사위 두 개를 스물네 번 던질 때 $(6, 6)$이 나오지 않을 경우의 수는 35^{24}이므로, 주사위 두 개를 스물네 번 던질 때 두 주사위에서 동시에 6이 한 번 이상 나올 확률은 다음과 같습니다.

$$1 - \frac{35^{24}}{36^{24}} \fallingdotseq 1 - 0.97^{24}$$

이 값을 정확히 계산하기는 어렵지만, 0.97이 거의 1에 가깝기 때문에 결론적으로 ①이 ②보다 더 크다는 것을 알 수 있어요. 따라서 두 게임 중 이길 가능성이 더 큰 것은 ①의 상황인 거죠.

주사위 놀이에서 출발한 확률론

확률론은 이와 같은 과거 수학자의 주사위 놀이 연구에서 출발했습니다. 주사위 게임에서 불리한 결과가 나오는 경우의 수와 유리한 결과가 나오는 경우의 수를 미리 계산해서 자신이 유리한 쪽으로 게임을 이어 간 것이 확률론의 기초가 된 셈이죠.

여기서 위대한 수학자 갈릴레오 갈릴레이(1564~1642)의 이야기를 빼놓을 수 없는데요. 갈릴레이는 주사위 세 개를 던질 때, 세 눈의 합이 9가 되는 것보다 10이 될 확률이 크다는 것을 수학적으로 증명했어요. 갈릴레이가 이 문제를 어떻게 해결했는지 알아볼게요.

주사위 세 개를 던질 때, 세 눈의 합이 9인 경우와 10인 경우는 다음과 같이 각각 여섯 가지입니다.

① 합이 9인 경우 : $(1, 2, 6)$, $(1, 3, 5)$, $(1, 4, 4)$, $(2, 2, 5)$,
$\qquad\qquad\qquad (2, 3, 4)$, $(3, 3, 3)$
② 합이 10인 경우 : $(1, 3, 6)$, $(1, 4, 5)$, $(2, 2, 6)$, $(2, 3, 5)$,
$\qquad\qquad\qquad (2, 4, 4)$, $(3, 3, 4)$

갈릴레이는 여기서 합이 9가 되는 $(3, 3, 3)$이라는 조합에 주목했어요. 이 조합은 세 개의 주사위에서 동시에 3의 눈이 나오는 한 가지 경우에서만 가능하거든요. 그에 비하면 가령 $(1, 2, 6)$과

매쓰 비 위드 유

같은 조합은 '(1, 2, 6), (1, 6, 2), (2, 1, 6), (2, 6, 1), (6, 1, 2), (6, 2, 1)'과 같이 모두 여섯 가지 경우의 수가 있습니다.

이와 같은 방법으로 경우의 수를 구해 보니, 주사위 세 개를 던질 때 나올 수 있는 모든 경우의 수는 6^3 = 216가지, 눈의 합이 9가 되는 경우는 25가지, 10이 되는 경우는 27가지였습니다.

① 합이 9인 경우 : $\dfrac{25}{216}$

② 합이 10인 경우 : $\dfrac{27}{216}$

주사위 세 개의 눈의 합이 9가 되는 확률이 10이 되는 확률보다 약 0.93%p만큼 작았죠. 이처럼 주사위 놀이 연구를 계기로 확률 이론 연구는 더욱 활기를 띠게 됐습니다. 나아가 후대에는 이것이 통계학을 만나 수학을 더욱 멋진 학문으로 발전시키는 원동력이 됐답니다.

11: 스릴과 안전을 동시에

"꺄악~!"

탔다 하면 비명이 절로 나오는 롤러코스터. 평균 시속 100km로 레일 위를 질주하던 열차가 바람을 가르며 고공 낙하 하면 온몸이 짜릿하죠. 이러한 롤러코스터 운동에는 중요한 물리와 수학 법칙이 활용돼요. 놀이기구를 즐기는 동안엔 그 어떤 법칙도 알 필요가 없지만, 그래도 롤러코스터를 타면 온몸으로 흠뻑 중력을 느낄 수 있는 것만은 사실! 평소 이런 경험은 흔치 않으니 이때 스트레스가 해소되는 기분이 들죠.

롤러코스터는 어떻게 움직일까?

롤러코스터는 모터로 추진력을 얻어 출발합니다. 그렇게 가장 높은 곳까지 올라간 이후 급강하하며 저절로 운동하죠. 꼭대기에 있던 롤러코스터가 아래로 떨어지면서 급경사를 지나 급커브 레일 위를 빠른 속도로 달립니다.

롤러코스터는 보통 가파른 경사를 천천히 올랐다가 가장 높은 곳에서 몇 초간 머무르는데요. 이때 가장 큰 위치에너지를 지닙니다. 그런 다음, 최고 속도로 거의 수직에 가깝게 내려오거나 그대로 원을 따라 $360°$를 돌기도 하죠. 이렇게 아래로 떨어지면서 롤러코스터의 위치에너지가 감소하면, 감소한 위치에너지만큼 운동에너지가 생깁니다. 그 운동에너지가 속도에 더해지기 때문에 더욱 강력한 스릴을 느낄 수 있는 셈이죠.

위치에너지와 운동에너지는 이처럼 서로 전환되며, 둘을 합한 전체 에너지양은 이론상 항상 같습니다. 이러한 원리를 '역학적에너지 보존 법칙'이라고 합니다. 위치에너지와 운동에너지의 상태가 서로 바뀌어도 두 에너지의 합은 항상 일정하다는 걸 말해요. 역학적에너지 보존 법칙 덕분에 또 다른 동력을 주입하지 않아도 롤러코스터가 멈추지 않고 레일을 내려올 에너지를 지니는 거예요. 이 법칙은 독일 수학자 고트프리트 라이프니츠(1646~1716)가 고안했습니다.

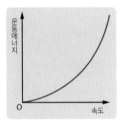

운동에너지
$Ev=\frac{1}{2}\times m\times v^2$
m은 물체의 질량(kg),
v는 물체가
움직이는 속도(m/s)

물체의 운동에너지는 위 그림과 같이 물체 속력의 제곱에 비례하는 이차함수로 나타낼 수 있어요. 물체의 속력을 제곱한 만큼 커지므로 만약 속력이 2배로 커지면 운동에너지는 4배로, 속력이 3배로 커지면 운동에너지는 9배로 증가하게 되는 거예요.

위치에너지
$Ep=m\times g\times h$
m은 물체의 질량(kg),
g는 중력가속도로
약 9.8m/s²,
h는 높이(m)

물체의 위치에너지는 위 그림과 같이 물체의 질량과 높이에 비례하는 일차함수로 나타낼 수 있어요. 교과서에서 많이 보던 익숙한 그래프죠? 롤러코스터의 경우, 물체의 질량이 일정하고, 위치

매쓰 비 위드 유

에너지는 높이에 정비례하므로 탑승하는 곳(지면)에서 가장 작고 꼭대기에서 가장 크다는 걸 알 수 있죠.

롤러코스터의 안전을 지키는 삼각형

롤러코스터는 시간이 흐를수록 더욱 극적인 스릴을 연출하는 방향으로 발전했습니다. 낙하 각도는 거의 수직에 가까워졌고 낙하 속도 역시 종종 시속 100km를 넘기도 해요. 트랙의 길이도 날이 갈수록 길어지고, 높이는 마치 고층 빌딩 수준으로 높아져만 갔습니다. 이는 '더 빠르게, 더 짜릿하게' 스릴을 즐기려는 사람들의 욕구가 반영된 결과죠.

그렇다면 공중에 있는 레일이, 사람을 가득 실은 롤러코스터의 엄청난 무게와 속도를 어떻게 감당하는 걸까요?

그 비결은 바로 레일의 독특한 구조에서 찾을 수 있어요. 이를 건축 용어로 '트러스truss 구조'라고 부릅니다. 트러스 구조는 매우 안정적인 지지대 역할을 합니다.

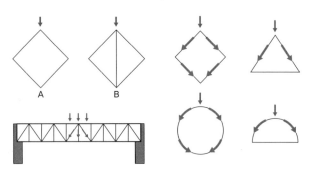

트러스 구조의 원리

위 그림 중 B와 같은 트러스 구조는 A에 비해 위에서 무거운 힘이 가해져도 힘이 분산돼 훨씬 안전합니다. 그래서 건물이나 다리, 터널과 같은 각종 구조물에 많이 활용되죠. 그렇다면 왜 트러스가 안전한 구조로 각광받는 걸까요?

그 이유는 삼각형 구조의 특징을 파악하면 바로 알 수 있습니다. 위 그림 중 오른쪽은 여러 가지 형태의 도형을 각각 위에서 누를 때 압력이 어떤 방향으로 전달되는지 보여 줍니다. 사각형이나 원에서는 위에서 내려오는 힘이 도형과 바닥이 만나는 부분으로 모이게 됩니다. 다시 말해 힘이 분산되지 않고 바닥의 어느 한 곳으로 다시 집중돼 힘의 방향에 따라 모양이 변형될 확률이 높죠.

이와 달리 삼각형과 아치형에서는 그 힘이 좌우 양방향으로 고르게 나뉘어 아래로 흩어집니다. 이 경우 압력이 양쪽으로 분산돼

매쓰 비 위드 유

바닥으로 전해지는 충격이 훨씬 줄어들죠.

따라서 같은 무게로 누를 때 삼각형은 사각형에 비해 힘을 훨씬 적게 받습니다. 삼각형구조가 힘을 분산시켜 안정적인 형태를 유지할 수 있는 거죠.

트러스가 활용된 구조물은 우리 주변에 매우 흔한데요. 전 세계적으로 가장 유명한 건축물로는 에펠탑이 있습니다. 프랑스의 건축가 귀스타브 에펠(1832~1923)은 에펠탑을 설계할 때 하중을 최대한 분산하려고 철골 내부의 모든 구조가 삼각형을 이루도록 구상했어요. 그에 따라 에펠탑을 시공할 때 약 300명의 기술자가 1만 8,000개의 철골 조각과 250만 개의 리벳을 마치 블록을 조립하듯 쌓아 올렸다고 합니다.

트러스 구조를 응용한 지오데식 돔

트러스는 돔dome 구조물을 짓는 데도 쓰여요. 미국의 건축가 리처드 버크민스터 풀러(1895~1983)는 세계 최초로 지오데식 돔 geodesic dome을 디자인했어요. 1967년에 열린 몬트리올 엑스포에서 반구 모양의 미국관 건물을 선보여 엄청난 화제를 모았죠.

리처드 버크민스터 풀러가 디자인한 세계 최초 지오데식 돔(1967)
(wikimedia / Cédric THÉVENET)

풀러도 이 구조를 설계할 때 삼각형을 적극 활용했습니다. 삼각형 구조물을 빈틈없이 이어 붙인 덕분에 기둥이 없어도 안정적인 반구 모양의 건물을 완성할 수 있었죠. 이 반구 모양 건물이 바로 지오데식 돔입니다.

지오데식 돔은 건물을 기둥으로 떠받치는 구조가 아니어서, 내부 공간이 탁 트여야 하는 체육관이나 전시관, 박물관 디자인에 주로 활용합니다. 그렇다면 지오데식 돔은 어떻게 삼각형만으로 반구에 가까운 입체 구조물이 될 수 있었을까요?

지오데식 돔은 지오데식 구에서 출발하는데요. 지오데식 구란, 그 모양이 구에 가까운 다면체입니다. 위 그림에서 아래 왼쪽에

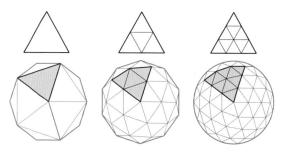

지오데식 돔의 원리

있는 정이십면체를 기초로 하죠. 이를 '1차 지오데식 구'라고 불러요. 이 정이십면체의 각 모서리를 반으로 나누면 한 면에 4개의 정삼각형이 생기고, 이를 부풀리면 '2차 지오데식 구'가 돼요. 같은 방법으로 정이십면체의 각 모서리를 n등분하면, 점점 더 구에 가까운 다면체를 완성할 수 있죠.

이렇게 만든 지오데식 구를 반으로 나누면 지오데식 돔을 만들수 있어요. 지오데식 돔은 모든 면이 삼각형으로 이뤄져 있어서 헬리콥터가 위에서 눌러도 아무런 문제가 없을 만큼 외부 압력에 아주 강합니다.

이처럼 삼각형이 갖는 위대한 힘 덕분에, 롤러코스터도 에펠탑도 튼튼한 거겠죠. 그리고 이 위대함을 밝혀낸 수학의 위력으로 지구촌 곳곳은 안전할 수 있는 거랍니다.

12: 아이들 놀이에서
최첨단 공학 기술까지

종이접기의 역사는 종이의 발명과 함께 시작됐습니다. 쉽게 휘고 구겨지는 성질을 지닌 종이는 인류의 손재주와 만나면서 놀이의 도구 또는 예술의 재료로 발전하게 됐죠. 그리고 종이접기는 점, 선, 면, 입체를 연구하는 기하학에서도 중요한 역할을 했습니다.

오늘날에는 유튜브로 전 세계 종이접기 고수의 작품을 감상할 수 있는데요. 예전에는 주로 유아에서 초등학생까지 즐기는 놀이로 여겨지곤 했는데, 요즘은 그렇지 않죠. 종이 한 장으로 팔다리 관절이 자유롭게 움직이는 인형, 실제 모습과 똑 닮은 곤충을 만들어 내기도 합니다. 국내뿐 아니라 국제 종이접기 대회에 참가하는 청소년 수가 점점 늘어나는 것을 보면, 종이접기는 분명 시공간을 초월해 사랑받는 매력적인 놀이 중 하나인 것이 틀림없습니다.

기하학의 한 분야, '종이접기 수학'

종이접기가 수학의 한 분야로 발전한 시기는 19세기 무렵입니다. 1893년 인도의 수학자 순다라 로우(1853~?)는 도형의 성질을 증명하는 도구로 종이접기를 활용했어요. 그 결과 새로운 증명법이 탄생했고, 이 증명법을 모아『종이접기의 기하학 연습Geometric Exercises in Paper Folding』이라는 책을 쓰기도 했어요.

이 책에는 고대 그리스의 수학자 유클리드(에우클레이데스, B.C.?~B.C.?)도 해결하지 못한 '임의 각 3등분 작도' 문제의 실마리가 담겨 있었죠. 유클리드는 눈금 없는 자와 컴퍼스만 가지고 다양한 선과 도형을 작도하는 방법을 고안해서 '기하학의 아버지'로 불리는 인물이에요.

하지만 '임의 각 3등분 작도'는 유클리드는 물론, 후대의 수학자들도 쉽게 해결하지 못한 문제였어요. 그러다 19세기에 들어 프랑스 수학자 피에르로랑 방첼(1814~1848)이 이 문제는 애초에 작도가 불가능하다는 것을 수학적으로 밝혀 논란을 잠재웠죠.

그런데 순다라는 방첼과 비슷한 시기에, 종이접기를 활용하면 임의 각 3등분 문제를 해결할 수 있다고 주장했어요. 그 뒤로 일본의 종이접기 작가 아베 히사시가 이 작도 방법을 다음과 같이 정리했습니다.

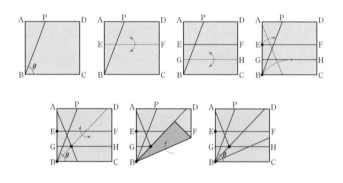

아베 히사시의 '임의 각 3등분 작도'

다음 그림에서 확인할 수 있는 것처럼 삼각형 ❶, ❷, ❸은 모두 합동입니다. 그러니 ∠PBC는 정확하게 3등분된 거죠. 이 방법대로라면 직각과 같은 특수 각이 아니라 어떤 각이라도 3등분을 할 수 있습니다.

이처럼 종이접기는 유클리드가 해결하지 못한 문제 중 하나를

매쓰 비 위드 유

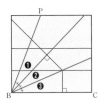

어떤 각이든 3등분할 수 있는 종이접기

해결할 정도로 수학에서 활용도가 높습니다. 그러나 수학계에서는 이 방법을 아직 공식적인 증명법으로는 인정하지 않고 있어요. 그래서 아직 유클리드가 남긴 이 '작도 불가능 문제'는 여전히 해결하지 못한 문제로 남아 있죠.

파리를 잡다가 발견한 도형?

종이접기는 주로 정사각형 종이로 많이 하지만, 종종 틀을 벗어난 종이를 활용하기도 해요. 그중 기다란 종이 띠를 한 번 꼬아 양 끝을 붙이면 신기한 고리가 완성됩니다. 안쪽에서 출발해 띠를 따라 한 바퀴 돌면 어느새 바깥으로 나와 있고, 그 자리에서 띠를 따라 다시 한 바퀴를 돌면 출발했던 곳으로 돌아오죠. 두 바퀴를 돌아야 제자리로 돌아오는 이 고리의 이름은 '뫼비우스의 띠'입니다.

뫼비우스의 띠는 독일의 수학자이자 천문학자인 아우구스트 페르디난트 뫼비우스(1790~1868)가 발견한 도형이에요.

뫼비우스의 대학 시절 첫 전공은 법학이었어요. 그런데 그는 대학에 입학한 지 1년도 채 되지 않아 전공을 변경해 수학, 물리학, 천문학을 공부했죠. 새로운 공부에 큰 흥미를 느낀 뫼비우스는 당시 천재 수학자로 알려진 카를 프리드리히 가우스(1777~1855)에게서 2년 동안 천문학을 배우기도 했어요. 가우스는 19세기 최고 수학자로 이름을 날렸지만, 그가 독일 괴팅겐대학교의 천문대장이었다는 건 많이 알려지지 않은 사실이죠.

천문학은 물론 수학에도 진심이었던 뫼비우스는 뒤늦게 기하학과 정수론 분야에서 훌륭한 논문 여러 편을 발표했어요. 그 과정에서 뫼비우스의 띠뿐만 아니라 뫼비우스 함수나 뫼비우스 공식과 같은 개념을 함께 정리했죠. 흥미로운 사실은 오늘날 그의 명성을 있게 한 뫼비우스의 띠는 연구실이 아닌 휴가지에서 발견했다는 거예요.

뫼비우스는 휴가를 즐기던 중 숙소 안으로 날아드는 파리 때문에 불편을 겪었어요. 그래서 양면에 접착제가 묻은 끈끈이를 방 안에 설치하기로 했죠. 그런데 끈끈이를 둥그렇게 말아 못에 걸어 두었더니 아랫부분이 중력 때문에 처지면서 가운데 공간이 끈끈

뫼비우스의 띠 모양

한 성질에 따라 서로 맞닿는 거 아니겠어요?

그래서 뫼비우스는 위 그림과 같이 띠의 중간을 한 번 꼬아서 가운데 공간이 서로 닿지 않도록 만들었어요. 그렇게 끈끈이 사이의 공간이 확보되니 걸어 두기도 편하고 파리를 잡는 데에도 효과적이었죠.

뫼비우스는 우연히 만든 이 띠에서 면과 모서리가 한 개뿐이라는 사실을 발견했어요. 새로운 차원의 도형이 탄생했음을 직감하고 다른 수학자들에게 이 소식을 전했죠. 이때 뫼비우스의 이름을 따라 이 도형을 '뫼비우스의 띠'라고 부르기 시작한 것이, 오늘날까지 이어지게 된 거랍니다.

안팎도 없고 좌우도 없는 도형의 신세계

뫼비우스의 띠와 기본 띠의 전개도는 똑같이 길쭉한 직사각형

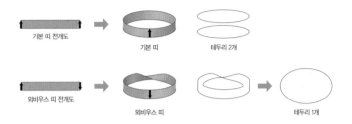

기본 띠와 뫼비우스의 띠 비교

입니다. 같은 모양인데 다만 양 끝을 어떻게 이어 붙이냐에 따라 전혀 다른 형태의 입체도형이 만들어지는 거죠. 전개도를 그대로 이어 붙이면, 높이가 낮은 원기둥 형태의 기본 띠가 되고, 중간을 한 번 꼬아 붙이면 뫼비우스의 띠가 되는 거예요.

기본 띠는 면이 안쪽 1개와 바깥쪽 1개로 모두 2개이고, 테두리도 2개입니다. 그에 반해 뫼비우스의 띠는 면과 테두리가 각각 1개예요. 또 기본 띠는 안팎의 경계가 명확한 데 비해, 뫼비우스의 띠는 안과 밖이 하나로 연결돼 있습니다. 따라서 안쪽 면을 따라 색칠하다 보면 어느새 바깥 면까지 색이 채워지게 돼요.

그리고 기본 띠에서는 왼쪽과 오른쪽의 방향 구분이 명확하지만 뫼비우스의 띠에서는 이것이 불가능합니다. 기본 띠는 한 점에서 '→' 모양의 화살표를 길게 이어 그리다 보면, 시작점으로 돌아올 때까지 화살표 방향이 유지됩니다. 그에 반해 뫼비우스의 띠는

매쓰 비 위드 유

어느새 '←' 모양으로 방향이 바뀌는 걸 발견할 수 있어요. 안과 밖의 구분이 없듯 왼쪽과 오른쪽의 경계도 사라지는 거죠.

뫼비우스의 띠 두 개를 대칭으로 포갠 클라인 병

마치 도넛을 연상시키는 입체로 된 뫼비우스의 띠 두 개를 왼쪽 그림과 같이 나란히 놓아 볼게요. 두 입체도형은 거울 대칭을 이룬 상태예요. 입체로 된 두 뫼비우스의 띠를 대칭축(빨간 선)을 따라 포개면, 오른쪽 그림과 같은 새로운 도형이 만들어집니다. 이 도형의 이름은 클라인 병인데요. 1882년 독일 수학자 펠릭스 클라인(1849~1925)이 발견해서 붙여진 이름입니다. 클라인 병은 뫼비우스의 띠와 마찬가지로 안과 밖의 구분이 없어 돌고 돌아도 끝없이 처음 위치로 돌아오는 특징이 있죠. 다만 뫼비우스의 띠가 3차원 도형인 것과 달리, 클라인 병은 4차원 도형의 특성을 띱니다.

오늘날 뫼비우스의 띠는 다양한 분야에서 활용되고 있어요. 1923년 미국에서는 양면에 소리를 녹음할 수 있는 뫼비우스의 띠 모양의 테이프가 최초로 개발되기도 했죠. 그 뒤로 테이프의 재생 시간이 기존보다 두 배로 늘어나 매우 편리해졌습니다.

1949년에는 공업용 마찰 벨트에 뫼비우스의 띠가 적용됐어요. 이로써 벨트의 양면 이용이 가능해지자 마모 문제가 획기적으로 개선되면서 기계 관리도 수월해졌죠.

그런가 하면 전 세계 곳곳에서 뫼비우스의 띠를 활용한 건축물이나 조형물도 많이 등장했어요. 네덜란드에서는 유명 건축가인 얀야프 라위서나르스가 두 개의 독립된 공간이 하나로 이어져 만나는 '뫼비우스 하우스'라는 이름의 건물을 지어 화제를 모으기도 했어요.

한편, 우리에게 익숙한 재활용 로고 역시 유한한 자원을 재활용해 무한히 순환시키자는 의미에서 뫼비우스의 띠를 본떠 만들었습니다.

이처럼 뫼비우스의 띠는 수학과 과학은 물론 예술과 일상생활에서도 우리에게 뛰어난 영감을 제공하고 있어요.

몸속부터 우주까지 누비는 종이접기 기술

다시 종이접기로 돌아와 보겠습니다. 종이접기의 매력의 끝은 어디일까요? 유치원생의 소근육 발달부터 전문 작가의 예술 작품까지, 활약하는 범위가 꽤 넓죠. 종이접기 기술도 갈수록 진화해 꽃봉오리나 곤충의 날개를 그대로 묘사하는 수준에 이르렀어요.

오늘날 수학 분야에서는 종이접기로 4차방정식 해를 구할 수 있어요. 또 종이접기는 과학기술과 만나 우주 공간이나 심해, 방사능 오염 지역을 탐사하는 로봇을 만들어 내기도 했습니다. 이같은 탐사 로봇은 사람이 접근하기 힘든 장소에서 스스로 몸통을 접어 부피를 줄이는 데 종이접기 기술을 활용하고 있습니다.

종이접기 기술은 특히 극소 의료 분야에서 두각을 나타내고 있습니다. 대표적으로, 좁아진 혈관을 넓힐 때 삽입하는 스텐트stent에 종이접기 기술이 응용됩니다. 혈관 안에 넣은 스텐트가 원래의 세 배 길이 원통으로 펼쳐져 혈액순환을 돕거든요.

그런가 하면 우주로 보낼 인공위성의 태양전지판을 축소하는 작업에도 종이접기 원리가 활용돼요. 이 종이접기는 1970년 일본의 우주공학자 미우라 코료(1930~)에 의해 개발되어 일명 '미우라 접기'로 불립니다. 종이를 가로와 세로, 대각선으로 접어 사다

리꼴 격자무늬를 만든 뒤 지그재그로 접는 방식이에요. 이렇게 하면 종이를 처음 크기의 15분의 1 이하로 축소할 수 있죠. 접은 종이는 대각선의 양 끝 모서리를 잡아당겨 한 번에 펼칠 수도 있습니다.

이 외에도 종이접기는 자동차 에어백, 우주 망원경, 인공 근육을 만드는 과정에도 중요하게 활용됩니다. 주로 각각의 대상을 최소 부피로 줄여 최대 효과를 얻는 데 쓰이죠. 종이접기-수학-공학의 만남은 운명일지도 몰라요!

미우라 접기 영상 보기 (wikimedia / MetaNest)

13: 여섯 조각 레고로 만드는 1억 가지 세상

장난감 브릭^{Brick}은 우리에게 '레고'라는 상품명으로 더 익숙하죠. 레고 아이디어를 처음 떠올린 덴마크 출신의 올레 키르크 크리스티안센(1891~1958)은 남녀노소 누구나 좋아할 만한 장난감을 만들고 싶었어요. 그래서 아이들이 평소에 가지고 놀던 다른 장난감 집을 떠올리며, 집을 만들 수 있는 벽돌 형태의 장난감 '브릭'을 탄생시킵니다.

영어로 브릭은 벽돌 모양의 플라스틱이나 나무토막을 뜻해요. 이 글에서는 사용자가 다양한 모양의 조각을 조립해 원하는 구조물을 만들 수 있는 재료, 즉 레고와 같은 플라스틱 조각 블록을 지칭하는 단어로 쓸게요.

올레는 깊은 고민 끝에, 2×4 브릭 6개만 있으면 1억 298만 1,500가지 새로운 조합을 만들 수 있는 '레고'를 세상에 선보이게 됩니다. 어떻게 이런 결과가 나온 건지, 2×4 브릭이 무엇인지 차근차근 살펴보도록 해요.

정밀한 수학적 계산으로 탄생한 조각들

누구나 한 번쯤 레고로 놀아 본 경험이 있을 거예요. 우리나라에서도 아주 인기가 많은 장난감이니까요. 블록 조각의 크기와 구성에 따라서 종류가 다양한데, 조립이 간편한 영유아용 브릭도 있고, 현실 세계의 상징적인 구조물을 그대로 재현한 덕분에 어른들

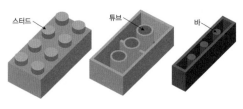

브릭의 기본 구성

매쓰 비 위드 유

에게 사랑받는 브릭도 있죠.

　브릭이 품은 수학을 이해하기 위해, 브릭의 기본 명칭을 먼저 소개할게요. 브릭 윗면의 볼록 튀어나온 부분은 '스터드'라고 불러요. 브릭은 직육면체 모양으로, 스터드 수와 모양에 따라 'n×m 브릭'이라고 합니다. 직육면체 모양의 기본 브릭을 '2×4 브릭'이라고 불러요. 6개만 가지고도 1억이 넘는 경우의 수만큼 새로운 조합을 만들 수 있다는 블록이 바로 이 블록입니다.

　그리고 기본 브릭보다 얇고 납작한 브릭의 이름은 '플레이트'입니다. 플레이트도 크기에 따라 'n×m 플레이트'라고 불러요. 또 브릭 밑면에 있는 구멍은 '튜브'라고 부릅니다. '1×m 브릭'은 튜브 대신 '바'라고 부르는 부분이 스터드와 만나 합을 이루도록 구성돼 있어요.

　브릭의 최종 목표는 여러 개의 작은 조각을 모아 사용자가 원하는 '무엇'을 만들어 내는 것이에요. 그러려면 결합과 해체가 쉬워야 하고, 아주 작은 조각이라도 오차를 허용해서는 안됩니다.

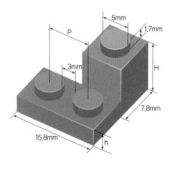

레고의 각 부품 길이

브릭을 대표하는 레고사가 만든 레고 브릭을 자세히 살펴볼게요. 각 브릭의 크기를 결정하는 기준은 세 가지로, 두 스터드 중심 사이의 간격(P), 1×1 브릭의 높이(H), 1×1 플레이트의 높이(h)가 있습니다. 세 수는 아래 표에 정리한 것과 같은 관계가 성립해요. P와 H, h의 실제 값은 소수 셋째 자리까지지만, 계산을 쉽고 간편하게 하려고 보통 소수 둘째 자리에서 반올림한 값을 사용한답니다. 이 자료는 레고사에서 공개한 공식적인 자료예요.

	스터드 사이의 간격(P)	1×1 브릭의 높이(H)	1×1 플레이트의 높이(h)
P = 1	1	1.2	0.4
H = 1	$\frac{5}{6}$	1	$\frac{1}{3}$
h = 1	2.5	3	1
기본 치수	약 8mm(7.985mm)	약 9.6mm(9.582mm)	약 3.2mm(3.194mm)

레고의 P, H, h 값

이 밖에도 스터드의 지름은 5mm, 스터드의 높이는 1.7mm, $1 \times m$ 브릭에서 긴 변의 길이는 $(P \times m) - 0.2$mm, 스터드와 스터드 사이 공간은 3mm로 정해져 있어요.

브릭의 모양을 디자인하는 디자이너는 가장 활용도가 높은 브릭을 완성하려고 P를 기준으로 H값과 h값을 결정했다고 해요. 오랜 연구 끝에, 큰 브릭과 작은 브릭을 결합했을 때 조화가 어색하지 않고, 다양한 모양으로 브릭을 설계했을 때도 문제가 없는 값을 계산해 낸 거죠. 미국의 수학자이자 브릭 연구가인 빌 워드는 수학적으로 정확히 계산한 비율이 브릭을 더욱 정교하게 만드는 비결이라고 설명했습니다.

다시 말해 네모나고 투박한 모양의 브릭은 사실 작품의 완성도와 사용자의 활용도를 최대로 끌어올리기 위해 작은 조각부터 정밀한 계산을 통해 탄생한 셈이죠. 그 덕분에 오랫동안 세계인의 사랑을 한몸에 받고 있는 게 아닐까요?

여러 가지 경우의 수로 '조합'하기

브릭을 결합하는 기본 성질은 다음과 같아요.

① 브릭 5개 높이 = 1×6 브릭 긴 변의 길이
② 브릭 1개 높이 = 플레이트 3개 높이

$1 \times 2n$ 꼴의 스터드 개수가 짝수인 브릭은 긴 변의 길이와 높이가 같도록 브릭을 쌓아 올리기가 쉬워요. 예를 들어 (1×6 브릭 긴 변의 길이) = (브릭 4개 높이) + (플레이트 3개 높이)와 같죠.

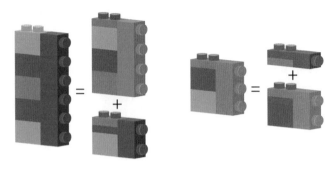

스터드 개수가 짝수일 때와 홀수일 때

반면, 1×(2n+1)꼴의 스터드 개수가 홀수인 브릭은 상황이 조금 다릅니다. 이때는 브릭만으로는 높이를 맞추기 어렵고, 상황에 따라서는 플레이트 또는 플레이트 절반 높이의 브릭이 더 있어야 합니다.

(1×3 브릭 긴 변의 길이) =

(브릭 1개 높이) + (플레이트 4개 높이) =

(플레이트 7개 높이)

만약 플레이트 절반 높이의 브릭이 더 필요한 상황에 놓이면, 'ㄱ 자' 모양으로 생긴 브릭을 활용하는 것도 방법이에요.

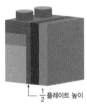

$\frac{1}{2}$ 플레이트 높이

$\frac{1}{2}$ 플레이트 활용

매쓰 비 위드 유

브릭은 여기서 더 나아가 인형처럼 다양한 캐릭터를 만드는 재미를 선사합니다. 서로 다른 얼굴 4개, 상의 3벌, 하의 2벌 브릭이 있다면, 서로 다른 스타일의 캐릭터를 몇 종류나 만들 수 있을까요? 얼굴 브릭 1개를 기준으로 3(상의)×2(하의)=6개 캐릭터를 만들 수 있는데 얼굴 브릭이 모두 4개이므로 전체 경우의 수는 4×6＝24개예요.

이렇게 여러 개 가운데서 순서에 상관없이 짝을 짓는 것을 '조합'이라고 해요. 1978년 처음 탄생한 브릭용 레고 캐릭터는 현재까지 1만 종류 이상이 나왔어요. 서로 다른 머리 스타일과 옷, 얼굴 표정 등을 다양하게 조합해 만들 수 있는 전체 경우의 수는 1,000조 개가 넘었고요. 레고 외의 다양한 회사가 만드는 캐릭터를 모두 포함하면 그 수는 상상을 초월하겠죠.

분수와 곱셈 원리를 익히는 도구

브릭에는 1×1 브릭, 1×2 브릭, 1×3 브릭, 1×4 브릭, 1×6 브릭, 2×2 브릭, 2×4 브릭과 같이 다양한 모양의 브릭이 있어요. 이를 활용하면 간단한 사칙연산 개념은 물론 분수 개념까지 익힐

수 있죠. 십 대 청소년 친구들
에겐 쉬운 개념일 수 있지만,
그동안 상상 속에만 존재하는
분수 개념이 눈에 보이지 않아
서 헷갈렸던 적이 있다면 브릭
을 첫 번째 그림처럼 순서대로
놓아 봅시다.

그러면 2×4 브릭을 1이라
고 할 때, 2×2 브릭 2개가 모
이면 2×4 브릭 한 개가 되죠.
따라서 다음과 같은 식이 성립
합니다.

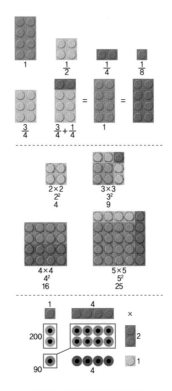

브릭으로 분수와 곱셈 원리 익히기

$$2 \times 2 \ \text{브릭} \ = \ 2 \times 4 \ \text{브릭의} \ \frac{1}{2}$$

$$1 \times 2 \ \text{브릭} \ = \ 2 \times 4 \ \text{브릭의} \ \frac{1}{4}$$

$$1 \times 1 \ \text{브릭} \ = \ 2 \times 4 \ \text{브릭의} \ \frac{1}{8}$$

헷갈리는 제곱 개념이나 두 자릿수의 곱셈도 이런 방식으로 익힐 수 있어요. 물론 이 정도의 간단한 곱셈은 암산으로도 가능한 친구들이 대부분이겠지만, 프로젝트 수업에 활용하거나 이 아이디어를 기초로 생각을 키워 나갈 수 있으니 알아 두면 좋겠죠?

두 번째 그림처럼 브릭을 놓으면, 스터드 개수에 따라 $n \times n$ 정사각형을 만들 수 있어요. 이를 이용하면 제곱수 개념과 $n \times n$ 정사각형의 넓이까지 한눈에 살펴볼 수 있죠.

세 번째 그림처럼 브릭을 놓으면, 두 자릿수의 곱셈도 해결할 수 있어요. 14×21을 계산해 봅시다. 십의 자리(1, 2)와 일의 자리(4, 1)를 세 번째 그림처럼 놓고, 각 브릭이 만나는 점마다 동그란 브릭을 끼워요. 이때 동그란 브릭의 색은 각각 결과 값의 백의 자리(주황색), 십의 자리(연두색), 일의 자리(회색)를 나타내요. 십의 자리와 십의 자리가 만나는 점은 결과 값의 백의 자리, 일의 자리와 일의 자리가 만나는 점은 결과 값의 일의 자리, 나머지는 결과 값의 십의 자리가 돼요.

동그란 브릭의 수를 세어 보면, 백의 자리는 2개, 십의 자리는 9개, 일의 자리는 4개이므로, $14 \times 21 = 294$라는 결과가 나옵니다.

물론 자릿수가 많아질수록 브릭으로 계산하는 것이 어려울 수도 있지만, 무작정 외우지 않고 직접 손으로 만지며 곱셈 원리를 배우고 느끼면 더 잘 이해할 수 있을 거예요.

브릭으로 수학 증명까지 가능하다고?

수학 공식을 달달 외우는 사람도 뜬금없이 '그 공식을 증명해 보라'는 말에는 뒷걸음질 치기 마련이죠. 수학적으로 엄밀하게 논리를 따져 어떤 공식을 증명하는 게 꽤 어려운 일이기 때문이에요. 이럴 땐 그림이나 도구를 이용하면, 정리나 공식을 직관적으로 쉽게 이해할 수 있어요.

예를 들어 '피타고라스의 정리'를 브릭으로 증명할 수 있을까요? 피타고라스 정리란, 직각삼각형에서 빗변을 제외한 두 변의 제곱의 합이, 빗변의 제곱의 합과 같다는 내용이에요. 비교적 간단한 공식처럼 보이지만, 오늘날 피타고라스 정리에 관한 증명은 무려 400가지에 달하고, 지금도 많은 사람이 새로운 증명법을 찾고 있어요. 미국의 수학자 엘리샤 루미스(1852~1940)는 무려 367가지 증명법을 『피타고라스의 명제The Pythagorean Proposition』라는 책 한 권으로 엮어 출판했을 정도예요.

우리는 간단히 브릭으로 피타고라스 정리를 증명해 봅시다. 먼저 1×4 플레이트 2개와 1×6 플레이트 1개를 준비해요. 그런 다음, 위 그림처럼 1×4 플레이트 2개를 직각으로 이어 붙이고, 빗변을 1×6 플레이트로 연결해 볼게요. 그다음 각각 스터드 사이

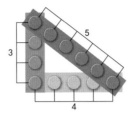

브릭으로 증명하는 피타고라스 정리

의 간격을 세어 봅시다. 그러면 세 변이 각각 3, 4, 5가 되는 것을 바로 확인할 수 있어요. 이 밖에도 길이가 다른 브릭을 이용하면 $(5, 12, 13)$, $(6, 8, 10)$, $(8, 15, 17)$과 같이 직각삼각형의 세 변의 길이가 피타고라스의 정리를 만족한다는 사실을 확인할 수 있죠.

브릭은 처음 등장했을 때부터 지금까지 죽 창의력과 상상력을 키우기 좋은 장난감으로 인정받아 왔어요. 최근에는 단순한 장난 감을 넘어 수학이나 컴퓨터 과학, 다양한 산업 분야와 로봇공학 분야에서도 활약하고 있습니다.

° 4부
막막한 미래와
함께하는 수학

4차 산업혁명의 시대가 왔다고 외치던 게 엊그제 같은데, 어느새 오래된 말처럼 느껴집니다. 그만큼 기술과 산업이 빠르게 발전하고 있다는 얘기죠.

4차 산업혁명 덕분에 우리는 인공지능^{AI, artificial intelligence}이나 딥러닝, 자율주행, 로봇과 같은 새로운 산업 기술 키워드에 관심을 두게 됐습니다. 여기에 코로나19 상황이 겹치면서 예상보다 훨씬 빠르게 이러한 기술의 혜택을 일상에서 누리게 됐고요. 스마트 교실, 온라인 수업, 메타버스와 같은 가상공간에서 이뤄지는 입학식과 졸업식처럼 불과 1~2년 전만 해도 상상하기 어려웠던 새로운 세계를 마주한 거예요.

4부에서는 이렇듯 일상생활 속에 자연스럽게 파고든 인공지능을 비롯해, 우리가 알게 모르게 만나고 있는 새로운 기술 속에 어떤 수학이 숨어 있는지 소개하려고 해요. 코로나19 시대를 맞아 부쩍 가까이 다가온 메타버스부터 어느새 새로운 보안 기술로 자리 잡게 된 얼굴 인식 기술과 점차 세상에 모습을 드러내고 있는 자율 주행 기술, 지구온난화와 기후 위기 문제까지도 모두 수학 없이는 설명이 불가능합니다.

물론 각 기술의 원리를 따지려면 복잡하고 어려운 대학 수학 이상의 수준을 다뤄야 하므로, 너무 깊이 들어가진 않을 거예요. 그러니 지레 겁먹고 포기하지 말고 바로 시작해 봅시다!

14: 막을 순 없지만 대처할 순 있지

2020년 1월, 우리나라에서 코로나19 첫 확진자가 발생했어요. 그로부터 거의 4년 가까이 흘렀네요. 모두 고생 많았어요. 요즘에는 마스크도 벗고 대부분 코로나 이전의 일상으로 돌아가고 있는 모습이지만, 지난 몇 년간 우리는 전염병의 확산 추이를 하루하루 살피며 주변 확진자 수를 헤아리며 살아야 했습니다.

이렇게 전염병의 확산을 분석하고 미래를 예측할 때도 수학의 역할은 매우 중요합니다. 그런 면에서 우리 건강과 생명에도 직결되는 수학의 맹활약을 살펴볼게요.

R=1을 기준으로 갈리는 운명

전염병의 추이를 살필 때 아주 기초가 되는 수학 개념이 있어요. 바로 감염 재생산 지수reproduction ratio인데요. 최초 감염자 한 명이 두 번째 감염을 일으킬 때 평균 몇 명에게 바이러스를 전파하는지 계산한 값이죠. 이를 약자 'R'로 표기해요.

예를 들어 감염 재생산 지수가 1이면 한 명의 전염병 환자가 또 다른 한 명을 감염시켰다는 말입니다. 새로 감염된 전염병 환자는 또 다른 한 명을 감염시키게 될 것이고요. 이는 만약 자신이 사는 동네에 코로나19 확진자가 한 명 있다면, 앞으로도 같은 지역 내 감염자(사람은 계속 바뀌더라도) 수가 계속해서 한 명을 웃돈다는 이야기죠. 당장 코로나가 사라지긴 어려운 상황이라는 말입니다.

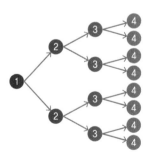

감염 재생산 지수가 2일 때

R이 2이면, 각 감염 단계에서 한 명이 새로운 두 명의 감염자를 만든다는 말이에요. 이 경우 1차, 2차, 3차, 4차, … n차 감염으로 이어진다면 확진자 수는 기하급수적으로 증가합니다. n차 감염의 차수가 높아질수록 전염병 확산 사태가 매우 심각한 지경에 이르게 되는 거죠.

반면 R이 1보다 작으면 시간이 지남에 따라 전염병 확산 기세가 꺾일 가능성이 높습니다. 따라서 전염병을 멈추려면 R을 1 미만으로 낮추려는 노력이 필요하답니다.

감염 재상산 지수	3차 감염 진행 예시(명)	결과
R = 3	$3 \times 3 \times 3 = 27$	감염자 수 증가
R = 1	$1 \times 1 \times 1 = 1$	감염자 수 유지
R = 0.5	$0.5 \times 0.5 \times 0.5 = 0.125$	감염자 수 감소

감염 재생산 지수에 따른 감염 진행 예시

질병관리청 발표 자료에 따르면, 코로나19 사태 초기에 국내에서 확진 판정을 받은 30명의 환자에게서 집계된 감염 재생산 지수는 약 0.56이었어요. 이때만 해도 전염병 사태는 대유행 수준까지는 아니었던 거죠.

그러다 2020년 2월, 대구 지역 종교 시설에서 대규모 집단 감염 사태가 발생하면서 대구 지역의 감염 재생산 지수가 3.5까지

매쓰 비 위드 유

치솟았습니다. 이에 질병관리청과 정부는 R을 1 미만으로 떨어뜨리려고 최선을 다했죠.

P, C, D를 잡아라!

그렇다면 어떠한 노력이 감염 재생산 지수에 영향을 주는지 구체적으로 확인해 볼까요? 감염 재생산 지수는 다음과 같은 일차식으로 구할 수 있습니다.

$$\text{감염 재생산 지수(R)} = P \times C \times D$$

P(probability): 감염자를 만났을 때 내가 감염될 확률, 혹은 내가 감염자일 때
바이러스를 전파할 확률
C(contact): 감염자와의 접촉 정도(접촉률)
D(duration): 환자가 감염력을 유지하는(지속하는) 기간

이 식에서 R은 P, C, D와 모두 양의 상관관계를 이룹니다. 따라서 P, C, D를 각각 줄이면 R도 함께 줄어든다는 말이죠. 어떻게 줄일 수 있을까요?

코로나 백신이 개발됐으므로, 일단 백신 접종으로 P를 더 빠르게 낮출 수 있습니다. 하지만 우리나라에서 청소년에게 백신 접종

은 필수가 아니었죠. 따라서 내가 확진자일 때 전파력을 낮출(P를 줄이는) 최선의 방법은 마스크를 잘 쓰고 손을 자주 씻는 일일 겁니다.

또 새로운 확진자와의 만남, 즉 접촉률을 낮출(C를 줄이는) 가장 좋은 방법은 '사회적 거리 두기'를 실천하는 일입니다. 실제로 무증상이거나 감염 경로가 불확실한 확진자의 비중이 높아지면서 사회적 거리 두기와, n명 이상 집합 금지 정책을 시행하기도 했죠.

끝으로 환자의 격리 기간을 단축하려면(D를 줄이려면) 의료진의 빠른 진단이 필수입니다. 코로나19 증상은 감기나 독감 증상과 비슷해서 정확하고 신속한 검사가 매우 중요해요.

교육부에서도 한동안 자가 진단 키트를 무상으로 제공하고, 질병관리청에서는 스스로 진단이 어려운 사람들을 위해 가까운 동네 소아청소년과와 이비인후과에서 신속 항원 검사를 할 수 있도록 했죠. 이를 통해 감염 여부를 하루라도 빨리 확인해서 추가 확진자를 줄이려던 거예요.

최근에는 확진자 격리가 의무는 아니지만, 이론적으로는 감염자를 빠르게 사회로부터 격리해야 C와 D를 동시에 줄일 수 있습니다.

이렇게 각각의 방법으로 'P, C, D'를 줄이는 노력은 모두 R을

1보다 작게 만들기 위한 것입니다. 정부와 관계 분야 전문가는 지난 몇 년간 머리를 맞대며 코로나19 감염 재생산 지수에 촉각을 곤두세웠어요. 수학자는 수학자의 자리에서, 의료진은 의료진의 자리에서, 전염병 전문가는 전염병 전문가의 자리에서 최선을 다했죠. 이것이 방역 대책 수립에 많은 영향을 주었습니다.

전염병을 예측하는 수학의 힘

전염병은 오랜 세월 인류 사회를 위협해 왔습니다. 그래서 인류는 전염병 확산을 줄이기 위한 정책을 다각도로 실시해 왔어요. 수학자는 수학의 힘을 바탕으로 전염병 확산 모델을 수립해 전염병 사태를 예측하고 방어하는 데 도움을 주었죠. 그중 대표적인 사례는 스코틀랜드 수학자 윌리엄 커맥(1898~1970)과 감염 예방학자 앤더슨 매켄드릭(1876~1943)이 1927년 개발한 SIR 모델이에요.

앞서 설명한 감염 재생산 지수는 현재의 감염자 수 증감 추세를 파악하는 데에는 도움을 주지만, 전염병 사태의 종식이나 남은 대유행 사태를 정확하게 예측하는 데 사용하기는 어렵습니다. 더

장기적인 관점에서 전염병 사태를 전망하려면 감염 재생산 지수를 뒷받침할 또 다른 연구 도구가 필요하죠. 여기에 도움을 줄 수 있는 것이 바로 SIR 모델입니다. SIR에서 S(Susceptible)는 감염되지 않은 사람 수, I(Infectious)는 감염된 사람 수, R(Recovered)은 감염되었다가 회복한 사람 수를 뜻합니다.

만약 주민 수가 20명인 A 마을에 감염 재생산 지수가 1.5인 전염병이 발생해 확진자가 2명이 된 상황을 가정해 볼게요. 이때 비감염자 수(S)는 18명, 감염자 수(I)는 2명, 회복자 수(R)는 0명입니다. 여기서 2차 감염이 발생하면 2명의 확진자가 회복되더라도 감염 재생산 지수 1.5에 의해 3명의 새로운 확진자가 발생해요. 이때 비감염자 수(S)는 15명으로 줄어들고, 감염자 수(I)는 3명(앞의 2명과는 다른 사람), 회복자 수(R)는 2명(앞의 감염자 2명)이 되죠.

이렇게 SIR 모델은 시간의 흐름에 따라 비감염자 수, 감염자 수, 회복자 수가 어떻게 달라지는지를 분석해 전염병의 확산 추이를 예측합니다. 이때 사용되는 것이 바로 미분방정식*이에요.

여러분에게 미분방정식은 생소하고 아직 이해가 쉽지 않은 만큼 여기서 자세한 내용을 설명하지는 않을 겁니다. 다만 미분방정

* **미분방정식** 여러 가지 물리·사회 현상을 나타내는 방정식으로, 이를 사용하면 물질의 확산이나 유체의 흐름, 기상 변화나 질병 전파와 같은 현상을 예측할 수 있다.

매쓰 비 위드 유

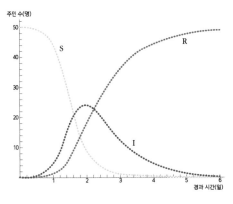

주민 수(명)

S

R

I

경과 시간(일)

기본 SIR 모델로 예측한 전염병 현황 (예시)

식을 활용하면 시간의 경과에 따른 S, I, R의 변화량을 구할 수 있어서 앞으로의 환자 수를 예측하는 그래프를 그릴 수 있다는 정도만 알아 두면 돼요.

전염병 사태에서 가장 중요한 변수는 '시간'이에요. 따라서 SIR 모델의 방정식은 S와 I와 R 사이의 시간에 따른 상호 작용을 수학적으로 표현한 것이라고 볼 수 있습니다. 방정식의 결과를 토대로 그래프를 그리면, 이 전염병의 확산이 앞으로 얼마나 더 이어질지 예측해 중요한 의사 결정을 하는 데에 도움을 받을 수 있습니다.

물론 '202○년 ○월 ○일에 코로나 진짜 끝난다!'처럼 정확한 시기를 예측할 수 있으면 더 좋겠지만, 연구에 활용할 수 있는 데이터와 실제 상황 사이의 오차가 꽤 크므로 정확한 시기 예측은 어렵다고 볼 수 있어요.

우리는 지난 몇 년간 코로나19 유행의 규모를 줄이고 확진자 발생 속도를 가능한 한 최저 수준으로 낮추려고 안간힘을 썼습니다. 우리나라뿐 아니라 지구촌 곳곳에서 노력이 이어졌죠. 하지만 어느새 일상으로 스며든 이 전염병 상황에 적응해 가는 분위기입니다. 여기에 과연 끝이라는 것이 있을지 없을지도 알 수 없지만, 무엇보다 감염 전파율을 줄이는 데 효과적인 것은 '마스크 쓰기'와 '손 씻기'였음을 잊지 말도록 해요!

15: 내 손안의 드넓은 세상

여기저기서 '메타버스'라는 단어가 등장하던 즈음, '저건 어디 가는 버스야?'라고 생각한 사람이 있다면 부끄러워 말고 여기를 주목해 주세요.

가상이나 초월을 뜻하는 '메타meta'와, 세계나 우주를 뜻하는 '유니버스universe'의 '버스verse'를 결합한 '메타버스Metaverse'는 생각 보다 꽤 오래전에 등장한 단어예요. 미국의 SF 작가 닐 스티븐슨 (1959~)이 1992년에 발표한 공상과학소설 『스노 클래시Snow Crash』에서 컴퓨터 기술로 만든 3차원 가상공간을 뜻하는 이름으로 처음 쓰였거든요. 소설 속 메타버스는 요즘 우리가 경험하는 메타버스와 크게 다르지 않아요. 3차원 가상공간에서 나를 대신할 가상 캐릭터인 아바타가 활동하는 거죠.

메타버스의 네 가지 종류

몇 해 전 '4차 산업혁명'이란 키워드가 등장했을 때처럼, '메타버스' 역시도 아직 모두가 인정하는 정확한 개념의 정의는 없어요. 학계와 산업계에서 조금씩 다른 의미로 사용하고 있죠.

미국의 비영리 기술 연구 단체인 가속화연구재단 ASF^Acceleration Studies Foundation에서는 2006년 5월 제1회 메타버스 로드맵 서밋[12]을 주최하고, 메타버스 로드맵을 제시했어요. 이 행사에는 미국의 유명한 IT 전문가, 게임 제작자, 관련 연구자들이 모였죠. 메타버스가 무엇인지, 메타버스를 활용하면 현실 세계와 가상 세계를 어떻게 연결할 수 있는지를 정리해 보는 자리였던 거예요.

이때 ASF가 발표한 자료[13]에서는 메타버스를 크게 네 가지로 나눠 설명하고 있습니다. 메타버스의 공간이 가상현실인지 증강현실인지, 사용자가 자신에 집중하는지 공간에 집중하는지에 따라, 증강 현실^{AR, augmented reality}, 라이프로깅^{lifelogging}, 거울 세계^{MW,} ^{mirror worlds}, 가상 세계^{VW, virtual worlds}로 나눴어요.

첫째, 증강 현실은 현실 공간에 가상 이미지를 합성해 새로운 세상을 보여 주는 공간이에요. 스마트 기기 카메라로 현실 공간을 비출 때, 화면에 가상 이미지가 합성돼 나타나 동시에 촬영이 가능하죠. 대표적으로 최근에도 활발하게 이용하는 '포켓몬 고' 같은 게임에서 확인할 수 있어요.

둘째, 라이프로깅은 일상의 경험과 정보, 글과 사진, 영상을 공유하는 기술이에요. 주로 인스타그램이나 페이스북에 게시물을 올릴 때 사용되는 기능이죠. SNS에 맛집 위치 정보를 태깅하거나, 상품을 언박싱^{unboxing}하면서 구매 정보를 태깅해 올리잖아요? 이렇게 일상을 데이터로 기록하는 일을 모두 포함하는 개념입니다.

셋째, 거울 세계는 현실 공간의 모습을 그대로 꾸며 놓은 가상 세계를 말해요. 예를 들어 '구글 어스^{Google Earth}'처럼 지구를 재현한 위성사진 서비스나 '지도 앱', '배달 앱'에서 확인할 수 있죠.

넷째, 가상 세계는 현실 세계와 비슷하지만 100% 만들어진 세계예요. 아바타나 아바타가 활동하는 가상공간을 꾸밀 수 있는 서비스입니다. 가상공간 안에서 나를 대신하는 캐릭터로 사회활동을 하는 거죠. 대표적으로 '심즈'라는 게임 플랫폼이나, 네이버가

런칭한 '제페토'라는 아바타 플랫폼이 있어요.

메타버스는 이렇게 네 가지 유형으로 구분되어 각각의 영역이 독립적으로 발전해 왔습니다. 그러다 최근에는 경계를 허물며 서로의 영역을 넘나들면서 융합 형태로 함께 발전하고 있답니다.

내 위치와 움직임을 기록하는 수학

스마트폰을 시작으로 스마트 기기 기술이 빠르게 발전하면서 라이프로깅은 일상생활 그 자체가 됐습니다. 아침에 눈떠서 잠들기 전까지 꽤 오랜 시간 스마트 기기를 손에 들고 다니죠. 이때 기기는 우리의 걸음 수를 측정하고 위치 정보도 틈틈이 기록합니다.

스마트 기기는 어떻게 우리의 움직임을 인식하는 걸까요? 바로 센서sensor를 통해서입니다. 그중 가속도 센서는 x, y, z축이 있는 3차원 좌표 공간에 (x, y, z)와 같은 형태로 움직임을 기록하고 이것으로 가속도를 계산하죠. 여기서 가속도란, 시간에 따라 속도가 얼마나 변하는지 그 변화의 비율을 나타내는 개념이에요. 가속도 센서를 이용하면 스마트 기기를 들고 있는 사람이 각 축의 방향으로 얼마나 빠르게 움직였는지 알아낼 수 있어요.

스마트 기기 안에는 가속도 센서 외에 자이로gyro 센서도 장착되어 있는데요. 자이로 센서로는 기울어진 기기가 똑바로 세워질때, 시간에 따라 각도가 어떻게 달라졌는지를 기록하고 측정할 수있어요. 대표적인 인기 게임기인 닌텐도 스위치에는 자이로 센서를 활용하는 게임이 많아요. 예를 들어 게임을 조작하는 장치인조이콘을 손에 들고, 화면 속에서 날아오는 공을 라켓으로 치는동작을 하거나 화면 속 물고기를 낚싯대로 낚아 올릴 때 자이로센서를 사용하죠.

이렇게 가속도 센서와 자이로 센서, 이 두 가지 센서가 스마트기기를 사용하는 사용자의 움직임을 알아차리고, 어떤 기준을 넘는 값이 감지될 때마다 '한 걸음'으로 기록하거나 심박 수나 소모칼로리 등을 측정하는 거예요.

맛있는 식당이나 분위기 좋은 카페에 가면 너나없이 모두 카메라를 꺼내죠. 그 사진을 SNS에 올리면서 가게 위치를 공유하곤하는데요. 이때 위성 위치 확인 시스템GPS, Global Positioning System을활용해 내 위치 정보를 스마트 기기와 공유할 수 있어요. GPS 위성이 사방으로 보낸 신호가 스마트 기기로 모이고, 이때 위성과스마트 기기 사이의 거리를 계산해 현재 위치를 좌표 정보로 알수 있는 거예요. 여러분이 학교에서 배우는 xy-좌표평면을 떠올려 보세요. 좌표평면 위에서 원점을 기준으로 x축과 y축 사이의 거리를 순서쌍으로 나타내 위치 정보를 알 수 있는 것과 같은 원리죠.

물론 실제로 사용하는 지도 앱이나 내비게이션 앱, 배달 앱 등에서는 2차원이 아니라 3차원 공간을 좌표로 나타내야 하므로 조금 더 복잡한 수식을 사용하지만, 기본 원리는 점과 점 사이의 거리를 계산하는 거예요. 3차원에서는 최소 세 점의 위치를 알면 각각 점과 점 사이의 거리를 구할 수 있는데, 실제 인공위성은 네 점을 사용해 오차를 최소로 줄이고 있습니다.

이처럼 디지털 세계를 구성하는 기술이 발전하면서, 우리의 일

GPS를 활용한 지도 애플리케이션 (shutterstock / Thx4Stocku)

매쓰 비 위드 유

거수일투족이 모두 데이터로 기록되고 있다는 사실을 꼭 기억해야 해요. 개인정보를 지키는 보안 기술도 함께 발전하고 있긴 하지만, 종종 기술이 함부로 쓰이거나 디지털 공간 속에서 새로운 형태의 범죄가 발생하기도 하니까요. 새로운 기술에 대한 정확한 정보를 얻을 뿐 아니라 올바른 가치관을 갖도록 노력해야겠죠.

16: 내 얼굴도, 연어 얼굴도 식별 가능

얼굴 그 자체가 신분증이 되는 시대가 열렸습니다. 과거 영화 속에서만 등장하던 AI 얼굴 인식 기술은 어느새 우리 생활 곳곳에서 활약하고 있죠. 공항이나 은행에서 신원 확인용으로 쓰이는가 하면, 범죄 용의자나 실종자를 찾는 일에서도 큰 성과를 거두고 있습니다.

얼굴 인식 기술이란 사진이나 동영상 속 얼굴에서 독특한 고유 정보를 추출해 정보화하는 기술입니다. 이를 위해 컴퓨터는 눈·코·입과 같은 특징적인 요소를 3차원으로 인식해 각각 측정값을 부여해요. 따라서 얼굴 생김새가 수학적 정보로 변환되고 저장되죠. 이 원리로 새로운 인물 데이터가 입력되면 같은 사람인지 아닌지 판별할 수 있는 거랍니다.

자기 얼굴을 수로 표현한 수학자

얼굴 인식 기술을 최초로 연구한 사람은 누굴까요? 바로 수학자였어요. 1960년대 초 미국의 수학자 우디 블레소(1921~1995)는 동료와 함께 사람의 얼굴을 컴퓨터로 인식하는 프로그램을 개발해 이를 논문[14]으로 자세히 공개했어요.

이 논문에는 얼굴의 눈·코·입·광대 등 스무 곳이 기준점으로 표시된 우디 블레소의 증명사진이 실렸어요. 우디 블레소는 자신의 사진 위에 펜으로 직접 그린 수십 개의 점과 선을 기준으로 그 원리를 설명했죠. 그다음 눈의 너비나 눈 사이의 거리, 입의 너비나 눈과 코 사이, 눈과 입 사이의 거리 등 두 점 사이의 거리를 측정해 그 값을 컴퓨터에 수치로 저장했어요. 여기에 자신들이 개발한 프로그램을 적용하면 컴퓨터가 여러 사진 속에서 같은 사람을 찾아낼 수 있다고 설명했습니다. 이렇게 컴퓨터를 활용한 얼굴 인식 기술이 세상의 주목을 받기 시작한 거죠.

디지털 시대, 이미지가 수로 저장되다

정보화 시대가 열리고 세상 모든 분야에 디지털 기술이 적용되면서 이미지 저장 방식에도 큰 변화가 생겼습니다. 바로 모든 이미지가 디지털 자료로 변환되어 일정한 숫자로 표현되기 시작한 거죠.

색상 정보가 픽셀 단위의 숫자로 기록된 하트 이미지

예를 들어 위 그림처럼 각각의 색상 정보를 픽셀* 단위의 숫자

*   **픽셀** pixel   디지털 화면의 최소 단위를 말한다. 작은 점의 행과 열로 이뤄져 있는 화면의
     작은 점 각각을 이르는 말이다.

정보로 기록하면, 해당 데이터가 이미지를 그대로 저장해 재현할 수 있습니다. 물론 실제 이미지는 더 복잡한 숫자 정보로 기록돼요. 숫자 정보가 복잡할수록 더 많은 색을 기록할 수 있거든요. 이처럼 컴퓨터가 모든 이미지를 숫자 정보로 변환하는 시대가 찾아오면서 데이터는 더 큰 힘을 발휘하게 됐습니다.

AI 얼굴 인식 기술 역시 이러한 디지털 이미지를 기초로 합니다. 얼굴 인식에 필요한 정보가 픽셀 단위로 저장되는 원리죠. 이때 픽셀에 나타난 숫자를 저장하는 데 유용하게 사용하는 수식이 바로 행렬이에요.

행렬은 수학의 한 분야로 오늘날 디지털 이미지를 저장하는 도구로서 곳곳에 유용하게 쓰이고 있습니다. 행렬 덕분에 각 픽셀의 숫자 정보뿐만 아니라 배열과 위치 정보까지 저장할 수 있어요. 고등학교 수학 시간에 행렬 개념을 배우게 될 테니, 지금은 행렬에 이런 쓰임이 있다 정도만 알아 두면 좋을 것 같아요.

얼굴 이미지가 바둑판 모양의 픽셀 단위로 나뉘어 정보화될 때 컴퓨터는 다양한 값을 계산해 행렬에 입력합니다. 눈·코·입·점처럼 특정한 기준점 여러 개를 찾아 내 각각의 위치와 기준점들 사이의 거리를 구하는 거죠. 픽셀 위 기준점의 위치는 좌표평면 위 순서쌍처럼 표시되고요. 얼굴을 이루는 각 픽셀의 색상 정보

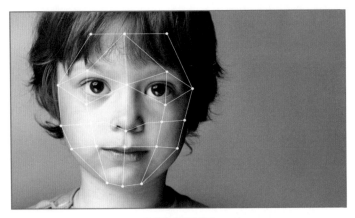

AI 얼굴 인식의 예시

역시 미리 설정된 기준에 따라 숫자로 표시됩니다. 이러한 과정을 거쳐 얼굴 생김새 정보는 수많은 격자 위 숫자 정보로 대체되어 데이터로 저장됩니다.

AI 학습을 돕는 수천 개의 필터

AI 얼굴 인식 기술은 단지 이미지를 저장하고 재현하는 기능을 넘어, 다양한 상황에서 작업을 수행해야 합니다. 따라서 각 픽셀은 이러한 기능을 발휘할 수 있는 무수한 정보를 담고 있어야 하죠. 이때 중요하게 쓰이는 도구가 바로 '필터filter'입니다. 특정

매쓰 비 위드 유

얼굴 정보를 데이터로 저장할 때 수많은 필터를 적용하거든요. 따라서 필터별로 얻어지는 픽셀의 행렬이 모두 달라요.

요즘은 컴퓨터가 얼굴 인식의 기준이 되는 각종 필터를 스스로 만들어서 사용자가 입력하지 않은 정보까지도 수집하고 있습니다. 얼굴 이미지에 다양한 필터를 적용하면, 새로 입력된 데이터 중에서 같은 사람을 찾는 작업의 정확도가 높아져요.

만약 어떤 인물 사진에 다양한 색상, 조명, 배경, 표정, 옷, 머리, 화장, 안경과 같은 필터를 적용한 다음, 각각의 픽셀 숫자 정보를 데이터로 변환한다고 가정해 봅시다. 그러면 AI가 학습하는 데이터가 점점 더 정교해지면서, 배경이나 스타일링이 달라져도 같은 사람을 정확하게 찾아 낼 확률이 높아지는 원리랍니다.

지금까지 설명한 얼굴 인식 작업 내용을 컴퓨터 입장에서 3단계로 요약하면 다음과 같습니다.

① 사진 속 얼굴을 바둑판 모양으로 나눈다.
② 특정한 기준점 여러 곳을 찾는다.
③ 사용자가 원하는 필터를 적용해 각 픽셀별 정보를 숫자로 출력한다.

연어에게 신분증이 생겼어요

몇 해 전 노르웨이에서 일명 '스마트 양식장'이 운영되고 있다는 기사가 보도되면서 화제를 모았어요. 이 양식장의 주력 수출품은 연어인데, 연어 양식에 AI 얼굴 인식 기술을 활용한다는 내용이었죠.

연어는 사람처럼 얼굴의 개성이 뚜렷한 것도 아니고, 우리가 보기엔 다들 비슷하게 생겨서 눈으로 이들 개체 하나하나를 구별하기란 거의 불가능에 가깝습니다. 그런데 연어를 구분하는 얼굴 인식 기술이라니 정말 놀랍죠? 이때 가장 중요한 역할을 하는 것은 연어 개체마다 다르게 분포하는 얼굴 점이라고 해요.

스마트 양식장의 3D 스캐너는 양식장의 연어가 호흡하려고 잠시 수면 위로 올라올 때, 얼굴을 촬영합니다. 이때 각 연어의 점 분포와 입, 아가미, 눈과 같은 연어의 고유한 특징이 개별 정보로 저장되는 거예요.

이렇게 구분한 연어마다 각각의 ID를 발급하면, 이것이 일종의 '연어 신분증'이 될 수 있습니다. 물론 이때도 이미지 데이터는 숫자 정보로 변환되어, 나중에 새로운 연어를 포착했을 때 기존 데이터와 비교해서 연어 관리에 활용하는 거죠.

상자 수염 그림

스마트 양식장의 예처럼 동물의 얼굴이 각각 개체별로 저장되어 고유한 생체 정보가 쌓이면, 거대한 동물 집단을 효율적으로 관리할 수도 있습니다. 가령 집단 내에 특정 전염병이 전파될 때, 과거에는 집단 감염 비율 정도만 알 수 있었다면 이제는 각각의 개체가 과거에 어떤 병에 걸렸었는지 확인할 수 있죠. 이러한 빅데이터는 오랜 세월 쌓이면 더욱 의미 있는 자료가 됩니다.

빅데이터에서 의미 있는 정보를 골라 필요한 곳에 쓸 때도 수학은 중요한 도구입니다. 여기서는 수학을 활용한 여러 가지 도구 중에서 미국의 통계학자 존 튜키(1915~2000)가 개발한 '상자 수염 그림'을 소개하려고 합니다.

상자 수염 그림은 하나 이상의 데이터 세트를 그래픽으로 빠르게 파악하도록 돕는 역할을 합니다. 따라서 우리가 수학 시간에 교과서에서 배운 히스토그램(도수분포 그래프)보다 한 단계 높은 수준으로 자료를 분석할 수 있습니다.

예를 들어 어떤 양 목장이 기생충 감염으로 곤란을 겪는 상황이라고 가정해 봅시다. 이 양 목장은 양들을 몇 개의 그룹으로 나눠 관리하고, 각 그룹마다 기생충 감염률이 다릅니다. 이때 각 그

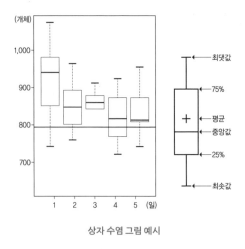

(개체)

1,000

900

800

700

1   2   3   4   5   (일)

최댓값
75%
평균
중앙값
25%
최솟값

상자 수염 그림 예시

룹의 기생충 전파율을 '상자 수염 그림'에 적용하면, 그룹별로 나타나는 감염 전파력 양상을 한눈으로 확인할 수 있어요. 각 그룹 전파력의 최댓값과 최솟값, 중앙값이 전체 목장에서 어느 수준인지 쉽게 알 수 있는 거죠. 이 상자 수염 그림을 시간의 흐름에 따라 비교하면 기생충 감염 추이까지 파악할 수 있고요.

이처럼 수학은 이미지를 데이터로 저장하는 데에서 한 걸음 더 나아가, 축적된 데이터를 사용하는 데에도 꼭 필요합니다. 수학의 발전이 정보 기술과 만나 더 큰 힘을 얻게 된 것이죠.

매쓰 비 위드 유

자율 주행

17 : 120년 넘은 수학 문제로 달리는 자동차

옛날이라면 청소년들의 상상력이 더해진 '미래 자동차 그리기 대회'에나 등장할 법한 자동차들이 점차 현실에서도 눈에 띄고 있습니다. 자동차 산업이 단순히 운송 수단에 머물지 않고 로봇 기술과 플랫폼, 여기에 데이터와 인공지능이 연결되면서 매우 빠르게 변화하고 있기 때문이죠.

여러분은 아직 운전면허가 없지만, 여러분이 운전을 할 수 있게 될 때쯤에는 분명 지금보다 기술이 더 발전해서 모두가 쉽게 자동차를 이용할 수 있을지도 모릅니다.

언뜻 관계없어 보이는 자율 주행과 수학의 연결고리, 그 시작에도 역시 수학자가 있었습니다.

120년 된 수학 문제와 최첨단 자동차

현재도 일부 자율 주행이 가능한(2단계 수준) 자동차들이 도로 위를 신나게 달리고 있습니다. 자율 주행은 기술 수준에 따라 자율 주행 기능이 없는 0단계부터 완전 자율 주행이 가능한 5단계까지 여섯 단계로 나뉩니다.

0단계: 자율 주행 기능 없음.

1단계: 정속 주행 가능, 충돌 경고 기능, 비상시 급제동 기능 있음.

2단계: 주행 방향 제어 기능 있음.

3단계: 부분 자율 주행 가능. 운전자가 책을 읽거나 영화를 볼 수 있음. 하지만 비상 시 일정 시간 이내에 운전자가 바로 개입할 수 있어야 함.

4단계: 고급 자율 주행 가능. 운전자가 잠들 수 있음. 하지만

정해진 영역을 벗어나거나 위급 시 운전자의 개입이
필요할 수도 있음.

5단계: 완전 자율 주행 가능. 완벽하게 기술을 갖춘 상태라서
운전자의 개입은 전혀 필요 없음.

　자율 주행 자동차의 기본이자 가장 중요한 목표는 안전하게 목적지까지 잘 도착하는 거겠죠. 우리는 자동차 스스로 마치 사람처럼 복잡한 도로 상황을 판단해서 어떤 돌발 상황이 일어난다고 해도 아무 사고 없이 주행할 수 있게 되기를 기대하고 있어요. 현재는 교차로에서 속도를 줄인 채 서서히 진입하고, 사람이 있으면 멈추며, 주변 차량 끼어들기 상황에서는 급제동할 수 있는 정도까지 발전했거든요.

　2019년, 자율 주행 자동차의 성능을 전보다 한 단계 더 높일 수 있는 문제 해결 실마리가 아주 오래된 수학 문제로부터 출발한다는 연구 결과[15]가 발표됐어요. 이 연구는 아미르 알리 아흐마디 미국 프린스턴대 경영학과 및 금융공학과 교수 연구 팀이 진행했어요. 연구 팀은 당시로부터 120년 전이었던 1900년 독일 수학자 다비트 힐베르트(1862~1943)가 파리 세계수학자대회에서 발표한 수학 문제 중 한 문제를 활용했습니다.

힐베르트는 당시 기조 강연에서 20세기에 꼭 풀어야 할 수학 문제 23개를 발표했는데요. 연구 팀은 그중 17번 문제에 주목한 겁니다.

힐베르트 17번 문제

음이 아닌 유리함수를 항상 제곱의 합으로 나타낼 수 있는가?

문제 안에도 문제가 많네요. '유리함수'를 모르는 친구들이 꽤 많을 테니까요. 유리함수란, 변수가 유리수꼴로 표현될 수 있는 함수식을 말합니다. 문제에 등장한 '음이 아닌 유리함수'란, 함숫값(y값)이 0이 아닌 양수로만 나오는 함수를 말해요. 예를 들어 $y=ax^2+b$와 같은 함수식이 있을 때, a와 b가 모두 0보다 큰 수여서 x값에 어떤 실수를 넣어도 y값이 1보다 클 때, 바로 이 함수를 '음이 아닌 유리함수'라고 부르는 거죠.

자, 다음으로 '이 유리함수를 항상 제곱의 합으로 나타낼 수 있느냐'도 해결해 볼까요? 모든 음이 아닌 유리함수를 우리가 잘 알고 있는 완전제곱식이나 인수분해와 같은 식 변형 공식을 이용해 (함수식A)^2+(함수식B)^{2}와 같은 꼴로 나타낼 수 있느냐는 물음입니다.

예를 들어 $5x^2+10x+10$과 같은 식을 $(2x+1)^2+(x+3)^2$으로 다시 쓸 수 있느냐는 거예요. 이 질문에 대한 답은 1927년 오스트리아 수학자 에밀 아르틴(1898~1962)이 증명하면서 참인 것으로 밝혀졌어요.

힐베르트 17번 문제를 애쓰며 꼼꼼하게 살펴봤습니다. 그런데 대체 이 문제가 자율 주행 자동차 개발에 무슨 도움이 된다는 말일까요?

이렇게 어려울 줄이야!

자동차가 자율 주행 기능으로 운행하려면, 자동차가 처한 모든 상황을 변수*로 반영한 함수를 계산해야 합니다. 신호등을 시작으로 도로 위 같은 시간에 운행하고 있는 다른 차들, 내비게이션으로 파악하는 이동 경로와 실시간으로 달라지는 교통량, 교차로, 갑자기 도로에 등장하는 사람이나 동물, 미확인 물체까지 복합적

---

* **변수** 시간에 따라 달라지는 상황 속에서 변하는 수나 변하는 값을 넣는 공간이라고 할 수 있다. 방정식이나 함수에서 원하는 결과를 얻기 위해 수를 넣는 공간, 즉 x, y와 같이 값을 넣는 문자가 변수에 해당한다.

으로 고민할 수 있어야 한다는 말이죠.

그래서 기본적으로 자율 주행 자동차는 레이더radar와 라이다 LiDAR, 그리고 고성능 카메라가 달린 센서를 갖추고 있습니다. 레이더는 전자파를 쏘아 물체에 반사된 반사파를 측정하는 도구입니다. 전자파는 빛의 속도로 나아가 순식간에 물체를 인식하는데, 반사파가 돌아오는 각도나 시간을 측정해 물체까지의 거리와 방향을 측정하는 거죠. 레이더는 어둡거나 눈비가 내려도 상관없이 잘 작동하기 때문에 실제로 지하 깊은 곳이나 심해 바닥을 탐지할 때 활발히 쓰이고 있어요.

물론 레이더에는 단점도 있습니다. 사용하는 전자파 파장이 크고 정밀하지 못해서 작은 물체를 측정하기 어려워요. 전자파가 물체에 맞고 되돌아올 때 여러 영향으로 미세하게 각도가 어긋나거나 반사 시간에 지체가 생기면, 거리와 방향에도 오차가 발생할 수 있습니다. 또 나무나 플라스틱과 같이 전기가 통하지 않는 물체는 반사가 되지 않아서 겪는 어려움도 있어요.

물론 지금 시중에 판매되고 있는 대부분 차에 장착된 후방 카메라나 전후방 센서는 다 레이더를 활용한 거예요. 운전자에게 꽤 큰 도움을 주고 있죠. 하지만 자율 주행 자동차에 레이더만 달아서 앞차까지의 거리나 도로 위 피해야 할 방해물을 분석하기는 조금 부족할 겁니다.

그래서 자율 주행 자동차에는 라이다를 함께 씁니다. 라이다는 레이저 빛을 쏘아 물체에 반사되는 빛을 측정하는 원리예요. 그래서 빛을 뜻하는 '라이트light'와 레이더의 합성어인 라이다라고 이름 붙였죠.

라이다는 레이더와 비교해 물체의 거리와 방향을 더 정교하고 입체적으로 파악합니다. 빛이 반사되어 돌아오는 시간을 측정해 거리를 계산하고 3차원 분석까지 가능해 자율 주행 자동차의 도로 상황을 분석하기에 알맞죠.

라이다는 초창기 자율 주행 자동차(시험용 차) 지붕 위에서 빙글빙글 돌아가는 장치로 존재감을 알렸어요. 보통 차량 지붕 위에서 360°로 회전하면서 직선으로 길게 뻗는 레이저 빛을 쏘며 데이터를 수집하거든요. 라이다에 설정된 채널 하나를 기준으로, 1분당 최대 900회 회전하면서 초당 최대 220만 건의 데이터를 기록한다고 하니 꽤 높은 밀도로 주변 사물을 인식할 수 있는 거죠.

물론 안개가 많이 끼거나 눈비가 오는 날엔 성능을 최대로 발휘하지 못한다는 단점도 있어요. 가격이 비싸고 장거리 탐지에는 약하기도 합니다. 라이다 역시 레이더와 마찬가지로 혼자 힘으로는 역부족이라는 거죠.

테슬라 CEO로 이름을 알린 일론 머스크(1971~)는 레이더도 라이더도 필요 없이, 최적의 인공지능으로 설계된 소프트웨어와 고성능 카메라 센서만 있으면 자율 주행이 가능하다고 오래전부터 이야기해 왔습니다. 하지만 2023년 현재에 와서는 '이렇게 어려울 줄은 예상하지 못했다'는 입장을 내비쳤죠.

그만큼 자율 주행 자동차는 정말 고려할 사항이 많아요. 수학적으로 이야기하면 변수가 여러 개인 복잡한 함수를 풀어야 한다는 말이죠. 게다가 이렇게 복잡한 식을 찰나의 순간에 해결해 답을 찾아내야 한다는 것도 잊어서는 안 돼요.

이때 바로 수학의 힘이 필요한데요. 수학에서는 정답을 얻지

테슬라의 2단계 자율 주행 자동차(2017년)의 주행 모습
(wikimedia / Ian Maddox)

못한다 해도 정답에 가장 가까운 최적의 답을 찾는 방정식이 있잖아요. 때론 정확한 정답보다는 답에 가까운 최솟값이나 최댓값이 일상 속에서 마주한 어려운 문제를 해결하는 데 큰 도움을 주기도 하거든요.

하나의 고차원 방정식 vs. 여러 개의 간단한 방정식

힐베르트 17번 문제도 비슷해요. 복잡한 다항식을 제곱의 합 꼴로 바꿔서 전보다 쉽게 최솟값을 구할 수 있게 하니까요. 일단 함수의 최솟값을 알아내는 것만으로도, 처음 문제를 풀 실마리를 훨씬 더 쉽게 얻을 수 있기 때문이죠.

아흐마디 교수는 '변수가 복잡한 다항식'에 집중했어요. 힐베르트 17번 문제와 관련된 기본적인 연구 결과는 이미 2000년경에 다른 수학자가 내놓은 것이거든요. 이 결과만으로는 자율 주행 자동차나 최신 로봇 기술 연구에 활용할 수 없었죠.

그런데 아흐마디 교수는 기존 학자들이 변수가 복잡한 어떤 다항식이 음인지 양인지 판별하기 어려웠던 점에 집중해, 이를 더 빠르게 해결할 수 있는 판별식을 떠올렸어요. 그동안 직접 그 복잡한 다항식을 풀어서 알아냈었다면, 연구 팀은 상대적으로 풀기 쉬운 여러 개의 식을 대신 세워 연립해서 푸는 방식을 소개한 거죠.

이렇게만 설명해서는 여러분이 이해하기 어려울 수 있어요. 간단히 설명하면 우리가 연립방정식을 통해 미지수가 둘인 방정식의 해를 구하는 것처럼, 아주 복잡한 하나의 고차원 방정식을 푸는 게 아니라 더 간단한 여러 개의 방정식을 연립함으로써 최솟값 정도만 구해 답을 찾아 가는 방식을 선택한 거예요.

아무래도 자동차나 로봇, 드론과 같은 기계를 자율적으로 움직이게 하려면 50개 이상의 변수를 지닌 복잡한 함수나 다항식을 해결해야 했기 때문에, 이 방식은 연구자들 사이에서 환영받게 됐습니다. 게다가 이 방법대로라면 다항식이 음인지 아닌지를 더 빠르게 판단할 수 있어서 자율 주행 프로그램을 설계하는 데 큰 도움이 되었다고 해요.

예를 들어 자율 주행 자동차가 주차장에 도착했을 때, 빈 곳을 찾아 안전하게 주차해야 하는 상황이라고 가정해 봅시다. 이때 자율 주행 자동차는 '주차장 상황을 알려 주는 함수를 풀어 답을 구하고, 알맞은 자리에 주차하기'라는 목표를 갖고 있어요. 이때 주차 공간의 위치가 변수가 되고, 함숫값이 음수인 곳(이미 다른 차가 주차된 곳)을 빠르게 제외하는 거예요. 그리고 힐베르트 문제를 활용해 함숫값이 양수인 곳(빈 곳)을 찾아내는 겁니다.

물론 주차장의 방해물이나 주변 차량, 보행자와 같은 변수가 실시간으로 달라지기 때문에 실시간을 확인하는 함수도 함께 계산하면서 안전 문제를 해결하도록 도와요. 연구 팀의 방식을 도입해서 복잡한 함수식을 해결하는 계산 속도가 빨라지면, 자율 주행 자동차의 안전성도 더 크게 확보할 수 있다는 말입니다.

120년도 더 된 수학 문제 하나가, 수학을 넘어 공학과 산업 기술 분야에 연결되어 있다는 사실이 놀랍지 않나요? 미래와 연결된 과거의 수학 이야기는 언제나 즐거워요!

18: 지구 건강에는 수학이 특효약

이상 기후 현상이 이어지고 있습니다. 겨울엔 이례적인 폭설과 한파가 찾아오고, 여름엔 지구가 펄펄 끓는 것처럼 무더위와 가뭄이 이어지고 있죠. 이런 이상 기후로 인한 피해가 갈수록 심각해지면서, 주요 원인으로 알려진 지구온난화가 다시 당면 과제로 떠오르고 있습니다. 그런데 지구촌의 기후와 환경 문제를 개선하는 데에도 수학이 중요한 역할을 하고 있다는 걸 알고 있나요? 초록빛 지구를 만드는 데 수학자의 아이디어와 노력이 어떤 도움을 주고 있는지, 마지막으로 지구와 수학을 연결해 봅시다!

전 세계가 주목하는 '지구를 위한 수학'

'지구를 위한 수학'이란 지구적 차원에서 발생하는 여러 문제를 분석하고 해결하는 데 활용되는 수학을 말합니다. 수학적 도구로 기후변화의 추이를 분석하거나 생물의 다양성을 연구하는 경우가 여기에 해당하죠.

이 외에도 앞에서 살펴본 전염병 문제를 다루거나, 식량과 에너지 문제와 관련해 각종 분석을 할 때 수학은 매우 중요하게 쓰입니다. 이 과정에서 수학자와 통계학자, 과학자, 기후학자 등 각 분야의 전문가 협업이 이뤄지죠.

지구온난화를 주제로 공동 연구를 진행하면 수학자는 수많은 기후 데이터를 분석해 의미 있는 수식을 도출합니다. 여기서 의미 있는 수식이란, 수식에 새로운 데이터를 입력했을 때 나온 값과 실제 데이터의 오차가 허용 범위 안에 있는 식을 말해요.

예를 들어 공공 연구 팀은 '지구 평균기온 상승에 따른 북극 얼음의 해빙 속도'를 예측할 수 있어요. 북극에 푸르른 초원이나 꽃이 피는 곳도 있다고 하니, 실제로 지구온난화 현상이 얼마나 심각한 수준인지 알겠죠? 이런 현상을 관찰한 전문가들은 앞으로 n년 뒤에 북극 얼음의 해빙이 얼마나 진행되었을지 예측해야 이에 따른 대비를 할 수 있으므로 이 과정이 꼭 필요한 거죠.

이러한 문제 해결에는 미분방정식과 같이 복잡한 형태의 수식이 활용될 때가 많지만 때로는 간단한 방정식으로 문제 해결 실마리를 찾기도 합니다.

빙하가 녹는 과정을 수식으로 표현하다

북극의 빙하가 녹는 속도가 최근 10년 사이 가파르게 상승하고 있습니다. 실제로 지난 30년 동안 사라진 남극 빙하의 양이 에베레스트산 열 개도 넘을 만큼이라고 하니 사태가 정말 심각하죠. 만약 지금처럼 지구온난화가 계속되면, 북극과 남극의 빙하가 모두 녹아 바다의 높이가 60m 이상 올라가게 되고 이로 인해 지구의 여러 섬나라가 물에 잠길 위험이 있다고 합니다.

매년 줄어드는 북극과 남극의 빙하는 지구온난화의 결과이기도 하지만, 기후변화를 일으키는 또 하나의 원인이기도 해요. 예를 들어 북극에서는 빙하가 햇빛을 반사하는 역할을 하는데, 빙하가 녹으면 바다가 그대로 드러나게 되고 그러면 햇빛은 고스란히 바다로 흡수되죠. 이렇게 흡수한 열은 바다의 온도를 높여 또 다

녹아내리고 있는 북극의 빙하 (shutterstock / Tony Skerl)

른 빙하를 더 빨리 녹게 하는 원인이 되는 겁니다.

케네스 골든 미국 유타대 응용수학과 교수는 극지방에 녹아내리는 빙하를 연구했어요.[16] 그 결과를 2013년 유네스코가 지정한 '지구를 위한 수학의 해' 기념 선포식 행사에서 소개했죠.

골든 교수는 빙하 속을 들락거리는 바닷물의 움직임에 집중하고 이것이 빙하가 녹는 데 어떤 영향을 미치는지 분석했어요. 컴퓨터 단층 촬영 장치로 빙하 속 빈 곳의 미세한 구조를 촬영하고, 그 구조가 수온과 바닷물의 염도에 따라 어떻게 달라지는지를 관찰해 그 결과를 수식으로 표현한 겁니다.

덕분에 지구온난화로 달라지는 지구의 모습을 컴퓨터 시뮬레이션으로 미리 전망해 볼 수 있게 됐어요. 뿐만 아니라 폭우나 한파와 같은 이상 기후 현상에 대해서도 컴퓨터로 예측할 수 있게 되었답니다.

탄소 배출 자동 계산기

그동안 수학자들이 지구 환경과 관련된 연구를 계속 이어 온 덕분에, 이산화탄소 배출과 기후변화의 상관관계가 이론적으로 밝혀지기도 했어요.

세계기상기구(WMO)의 보고에 따르면, 지구촌의 온실가스 농도와 탄소 배출량은 꾸준한 증가세를 보이고 있습니다. 이상 기후 문제를 해결하려면 대기 중 온실가스 농도를 줄여야 하지만, 이는 하루아침에 이뤄 낼 수 있는 일이 아닙니다. 따라서 세계 각국은 온실가스 감축 목표치를 설정해 이를 실천하는 운동을 벌이고 있습니다. 바로 여기에 수학자가 개발한 '온실가스 배출 자동 계산기'를 활용하고 있어요.

온실가스 배출 자동 계산기는 사용한 연료의 종류와 사용량을 입력하면 그것이 연소될 때 나오는 온실가스의 총량을 자동으로 계산해서 알려 주는 장치입니다. 선진국을 중심으로 호텔과 병원, 마트와 같은 대형 사업장에서 이를 사용해 온실가스 배출량을 자체적으로 확인하는 사례가 늘고 있어요. 이 데이터가 쌓이면 환경 오염과 에너지 사용 절감을 위한 장기 계획을 세울 때 큰 도움이 될 것으로 보입니다.

그렇다면 온실가스 배출 자동 계산기는 어떤 경로로 결과를 얻을 수 있는 걸까요? 수학자가 개발한 계산 공식에 따르면, 연료 200L를 연소시킨다고 가정했을 때 다음과 같이 이산화탄소 배출량을 구할 수 있습니다.

① 연료 발열량(MJ)

$$= 200(L)^{\text{연료 사용량}} \times 35.3(MJ/L)^{\text{발열량 상수}} \to 7.060(MJ)$$

② 탄소 배출량(tC)

$$= ① \times 20.2 \times 10^{-6}(tC/TJ)^{\text{탄소 배출 계수}} \to 0.142612(tC)$$

③ 이산화탄소 배출량(tCO_2)

$$= ② \times \frac{44}{12}^{\text{이산화탄소 배출 고정 상수}} \to 0.523(tCO_2)$$

(한국에너지공단)

연료 사용량에 발열량 상수와 탄소 배출 계수, 이산화탄소 배출 고정 상수를 곱한 결과가 이산화탄소 배출량으로 계산되는 간단한 원리죠.

태양열 수집 장치를 발명한 수학 교사

현재도 많은 수학자가 건강한 지구를 만드는 데 필요한 수학 도구를 개발하며 성과를 내고 있어요. 인류와 지구가 겪는 또 하나의 큰 문제는 에너지 고갈 문제인데요. 이 문제의 해결 실마리를 찾은 사람도 수학자였답니다.

1878년 프랑스는 아직 가스등으로 빛을 밝히고 마차가 다니던 시절이었습니다. 수학 교사였던 오귀스트 무슈(1825~1912)는 포물면을 이용한 태양열 수집 장치를 발명해 석탄 대신 태양열 에너지를 사용하는 방법을 발표했어요. 포물면의 특징을 살려 태양열 수집 장치를 만들고 이것으로 태양열 에너지를 모아 운동에너지로 바꾸면, 석탄이 고갈되더라도 태양열을 대체에너지로 쓸 수 있다고 설명했죠.

당시에는 석탄이 워낙 저렴해 사람들에게 큰 관심을 받지 못했지만, 100여 년이 지난 오늘날 태양열 에너지는 에너지 문제를 해결할 실질적인 대안이 되고 있어요. 음식 조리에 필요한 땔감을 구하기 어려웠던 사람들은 포물선 태양열 조리기가 생기면서 더 이상 땔감을 구하러 다닐 필요도, 매캐한 연기 냄새를 맡을 필요도 없게 됐어요. 또 최근에는 태양열 수집 장치가 연료를 구하기 어려운 빈민층의 구호품으로도 활용되고 있답니다.

과거에는 대기와 바닷물, 땅의 움직임을 예측할 수 없어서 이와 관련된 이상 현상을 그저 원인 모를 재해로 여길 수밖에 없었어요. 그러나 이젠 수학자들이 지구를 위한 연구에 적극적으로 동참하면서 땅과 바다, 대기의 움직임을 실시간으로 분석하는 것이 가능해졌죠. 지구온난화, 환경오염, 에너지 고갈까지, 지구가 처한 중대한 문제들을 해결하는 중요한 단서를 수학이 제공하고 있는 셈이죠.

'수'며드는 수학!

여러분도 잘 알다시피 우린 '초연결 시대'를 살고 있는데요. 예전과 다르게 분야를 넘나들어 '연결'된 시대라는 말이죠. 이는 단지 연구 분야에 국한된 이야기가 아니라, 우리 일상생활 속에서도 다양한 영역에서 쉽게 마주할 수 있는 현실입니다.

여러분은 최근 '어머, 이건 사야 돼!'를 몇 번이나 외쳤나요? 요즘 서로 다른 기업 또는 브랜드가 합작으로 굿즈를 많이 내놓으면서 소비자들의 구매를 이끌어 내죠. 게다가 이런 제품들은 한정판으로 제작되기 때문에 소비자의 소장 욕구를 최대로 끌어올립니다. 그렇게 '특별함'을 함께 선물하죠.

수학 분야도 마찬가지입니다. A와 B, C, D를 연결해서 기존에는 없던 새로운 기술, 새로운 연구 결과를 창출합니다. '초연결 시대'에 발맞춰서요. 10년 전쯤부터 수학과 물리, 수학과 생물, 수학과 의학 등을 연결하는 움직임이 보이기 시작했어요. 그러다 오늘날에는 그 이상으로 일상 속에서 수학을 연결하는 움직임을 발견할 수 있습니다.

이 책에서는 수식을 최소로 하고, 최대한 그런 연결의 실마리를 담으려고 노력했어요. 꼭 수학 문제를 많이 풀고 어려운 문제를 잘 해결해야만 수학이 의미 있는 건 아니거든요. 여러분이 나중에 문학을 공부하든, 언어를 공부하든, 의학을 공부하든, 코딩언어를 공부하든 수학을 피해 갈 수 없다고 생각해요. 표면적으로 드러난 수식을 피할 수 있을지는 몰라도, 그 안에 잠재된 수학적인 생각과 시선을 놓치는 건 너무 아까운 일이니까요. 이렇게 서서히 '수(數)'며드는 방식으로, 부디 수학을 포기하지 말고 곁에 두어 주길 간곡히 부탁해 봅니다!

보통 십 대는 짬이 날 때 스마트폰으로 게임이나 동영상을 보고, 각종 커뮤니티와 SNS 사이트에서 짤을 보고 댓글을 달며, 친구들과 톡을 하다 잠들죠. 그저 거기서부터 출발하면 됩니다. 스마트폰에도, 게임에도, 동영상에도, SNS에도, 곳곳에 수학이 있음을 간접적으로 느낄 수 있게 되길, 그렇게 연결된 수학이 여러분의 미래에 작은 도움이 되길 바라는 마음으로 긴 글을 마칩니다.

수학, 어렵다고 도망치지 말고 나와 친근한 연결 고리를 찾아보세요. 수많은 질문과 수학을 잇는 과정을 도와드릴게요. 함께합시다!

인용 출처

1. 박부성. (2009. 11.). "7의 배수 판정법: 나누면 떨어지나". 수학산책. 네이버캐스트. https:// terms.naver.com/entry.naver?cid=58944&docId=3568254&categoryId=58970

2. 김성숙. (2005). 「음악 속의 수학」. *Journal of Natural Science*, 15(1), 1-10.

3. Spark, Nick T. (2013). *A History of Murphy's Law*. Lulu Press, Inc.

4. Matthews, R. A. (1995). Tumbling toast, Murphy's Law and the fundamental constants. *European Journal of Physics, 16*(4), 172-176.

5. 김경환. (2016). 「왜 내게 이런 일이! 스마트폰 잔혹사」. 《수학동아》, 76.

6. Hwang Jh., Ha Jh., Siu, R., Kim YS., Tawfick, S. (2022). Swelling, softening, and elastocapillary adhesion of cooked pasta. *Physics of Fluids, 34*(4):042105. https:// doi.org/10.1063/5.0083696

7. 조가현. (2022). 「스파게티 면 던지지 마세요! 면들이 서로 붙은 정도만 확인하세요~」. 《수학동아》, 157.

8. 서동준. (2018). 「자연이 선사한 가장 과학적인 선물 깃털」. 《과학동아》, 396.

9. Waters, A., Blanchette, F., Kim AD. (2012). Modeling Huddling Penguins. *PLoS ONE 7*(11): e50277. https://doi.org/10.1371/journal.pone.0050277

10. 박건희. (2021). 「수학 잘하는 동물 모두 모여라!」. 《어린이수학동아》, 4.

11. Zitterbart, DP., Wienecke, B., Butler, JP., Fabry, B. (2011). Coordinated Movements Prevent Jamming in an Emperor Penguin Huddle. *PLoS ONE, 6*(6):e20260. https:// doi.org/10.1371/journal.pone.0020260

12. 서성은. (2008). 메타버스 개발 동향 및 발전 전망 연구. 한국컴퓨터게임학회 논문지, 제12호, 15-23.

13. Smart, J. M., Cascio, J., Paffendorf, J. (2007). Metaverse Roadmap Overview (2007-2025): A Cross-Industry Public Foresight Project. https://www.researchgate.net/ publication/370132044_Metaverse_Roadmap_Overview_2007-2025_A_Cross-Industry_Public_Foresight_Project

14. Bledsoe, W. W. (1966). Some Results on Multicategory Pattern Recognition. *Journal of the ACM, 13*(2), 304-316. https://doi.org/10.1145/321328.321340

15. Hartnett, K. (2018, May 23). A Classical Math Problem Gets Pulled Into the Modern World. *quantamagazine*. https://www.quantamagazine.org/a-classical-math-problem-gets-pulled-into-the-modern-world-20180523

16. Golden, K., (2015). "Mathematics of sea ice". *The Princeton Companion to Applied Mathematics*, Princeton university press, 694-705.

북트리거 일반 도서

북트리거 청소년 도서

매쓰 비 위드 유
손안의 수학부터, 인류를 구원할 수학까지

1판 1쇄 발행일 2023년 11월 10일
지은이 염지현
펴낸이 권준구 | 펴낸곳 (주)지학사
본부장 황홍규 | 편집장 김지영 | 팀장 양선화 | 편집 김승주 명준성
책임편집 양선화 | 표지 디자인 스튜디오 진진 | 본문 디자인 이혜리
마케팅 송성만 손정빈 윤술옥 박주현 | 제작 김현정 이진형 강석준 오지형
등록 2017년 2월 9일(제2017-000034호) | 주소 서울시 마포구 신촌로6길 5
전화 02.330.5265 | 팩스 02.3141.4488 | 이메일 booktrigger@naver.com
홈페이지 www.jihak.co.kr | 포스트 post.naver.com/booktrigger
페이스북 www.facebook.com/booktrigger | 인스타그램 @booktrigger

ISBN 979-11-93378-07-6 43410

북트리거

트리거(trigger)는 '방아쇠, 계기, 유인, 자극'을 뜻합니다.
북트리거는 나와 사물, 이웃과 세상을 바라보는 시선에 신선한 자극을 주는 책을 펴냅니다.